從 8 種版型學會做 32 款洋裝

Dress Style Book

野中慶子　杉山葉子

瑞昇文化

c o n t e n t s

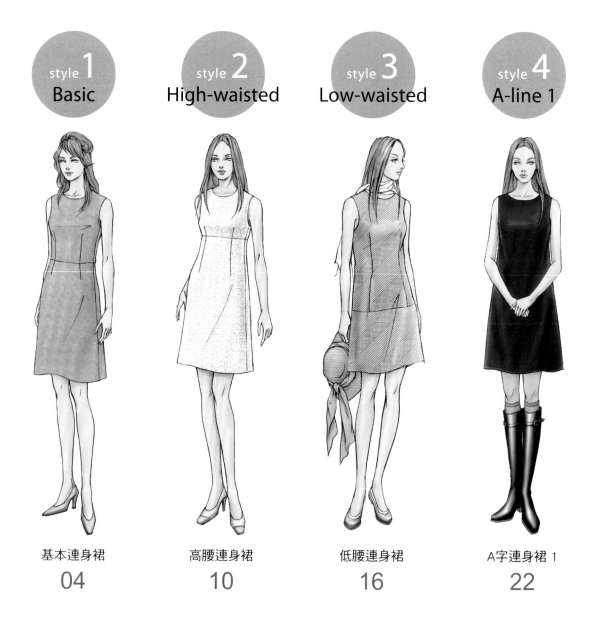

現今的流行時裝雖是搭配各式各樣單品的時代,但一件連身裙洋裝(後面簡稱洋裝)穿在身上,卻也是做整體造型時所不可或缺的單品品目。

洋裝説來簡單,但其款式依設計、素材、顏色、圖案而有無限的可能。

這次,為了讓初次接觸洋裁的人方便上手而限縮在8種基本款式。

藉由這些基本款式,以插圖來表現不同風味的創意設計。

為了使穿的人更顯美麗,在設計上特別留意體型的掩飾。

此外,也挑選多種符合各款式的素材,因此可做為實際挑選布料時的參考。

但願製作的人都能如設計師般地自由應用,做為今後製作服裝的參考。

建議偶爾不妨發揮巧思,打造一件個人風格的洋裝款式。

Basic（基本）

Style 1 基本連身裙

基本

應用 **1**

這是從腰部剪接令人懷念的基本連身裙。
只需改變素材或領口，就能從休閒到正式，變化出不同風格的洋裝。

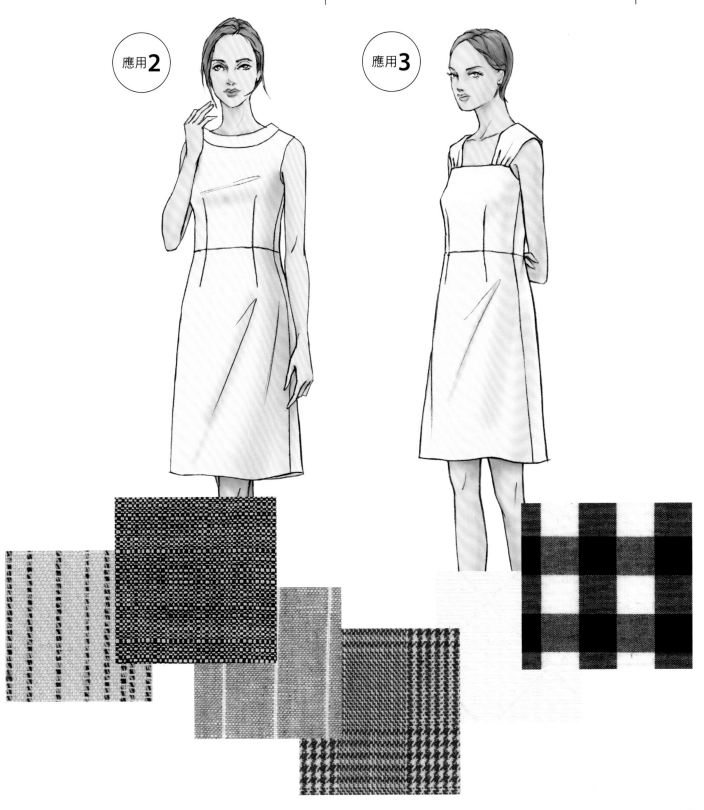

應用2

應用3

基本

從腰部剪接，以褶襉來修飾身形，無袖無領的基本款式。
How to make ⇨ p.54

基本型紙（正面）

在肩與腰分別做褶。
裙子的線條為半緊身。

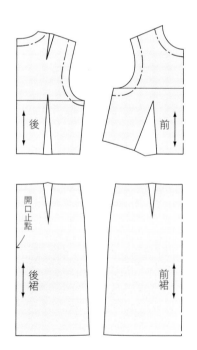

應用 1

在基本的底衣加上蕾絲做成派對款式。
How to make ⇨ p.55

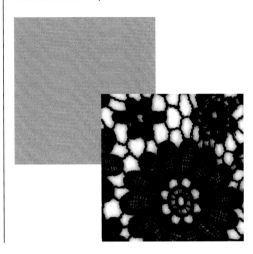

型紙的操作

蕾絲也直接使用基本的型紙，接上的位置前後要對準。

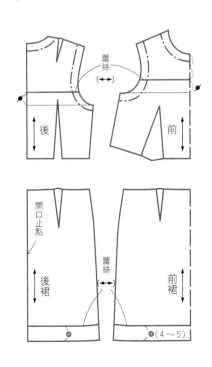

應用 2

翻領的後面如領帶般打結，背部也是可愛的設計。
How to make ⇨ p.56

型紙的操作

領圍前面是船形領，後面是V字領。領子到接上止點把對摺邊摺成山線。

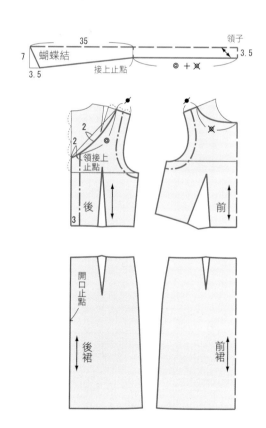

應用 3

雖然這是裁剪肩部的短上衣線條，但利用寬的肩帶變成
比較正式的洋裝。
How to make ⇨ p.57

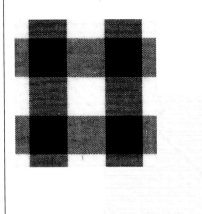

型紙的操作

上身片在胸線上方裁剪
。肩布是依完成時位置
的尺寸來製圖。

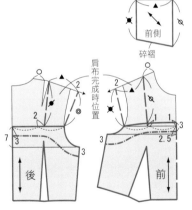

High-waisted（高腰）

Style 2 高腰連身裙

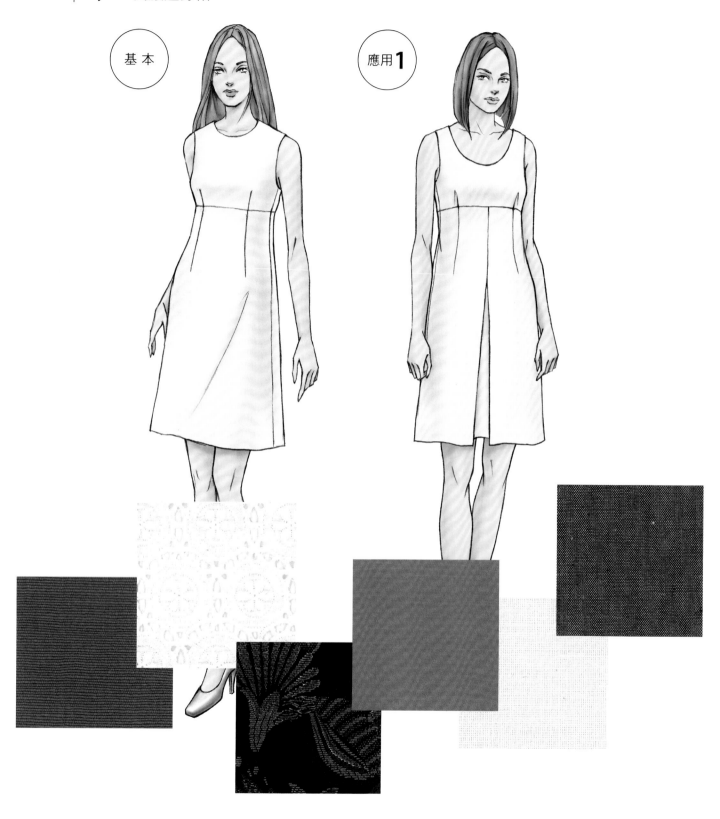

基本

應用**1**

這是在比腰高的位置剪接而成的高腰連身裙。
強調美麗胸前的褶與碎褶形成適度的寬鬆，利用領圍的剪裁享
受其變化。

應用**2**

應用**3**

Style 2 ＊ High-waisted
基本

胸口的剪接，也有從令人在意的腰線轉移目光的效果。

How to make ⇨ p.58

基本型紙（正面）

高腰的剪接是在胸與腰中間的位置。
裙子的線條為半緊身。

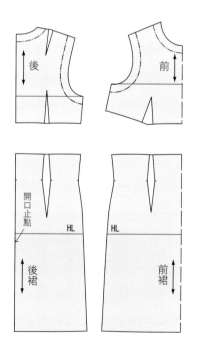

應用 **1**

在裙子的前中心做成箱形褶,就能增加運動量使走起路來更輕鬆。

How to make ⇨ p.59

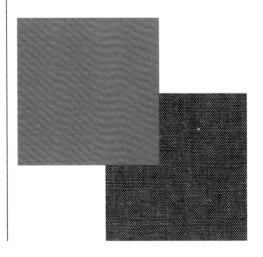

型紙的操作

肩褶襇移動到領圍,胸褶襇做成褶。追加的活褶份縫到一半就停下來。

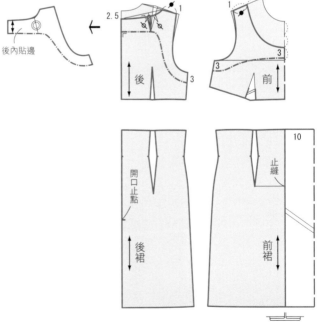

Style 2 ＊ High-waisted

應用 **2**

胸前的少許碎褶，能更強調出裙子的緊身線條。
How to make ⇨ p.60

型紙的操作

胸褶襉以碎褶來處理。裙子從HL起讓脇線垂直向下，在後中心加上開叉。

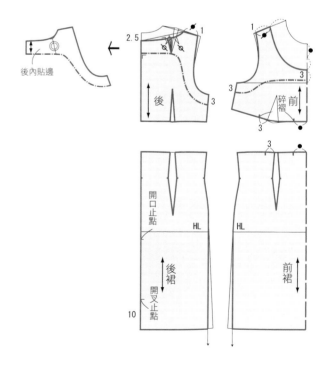

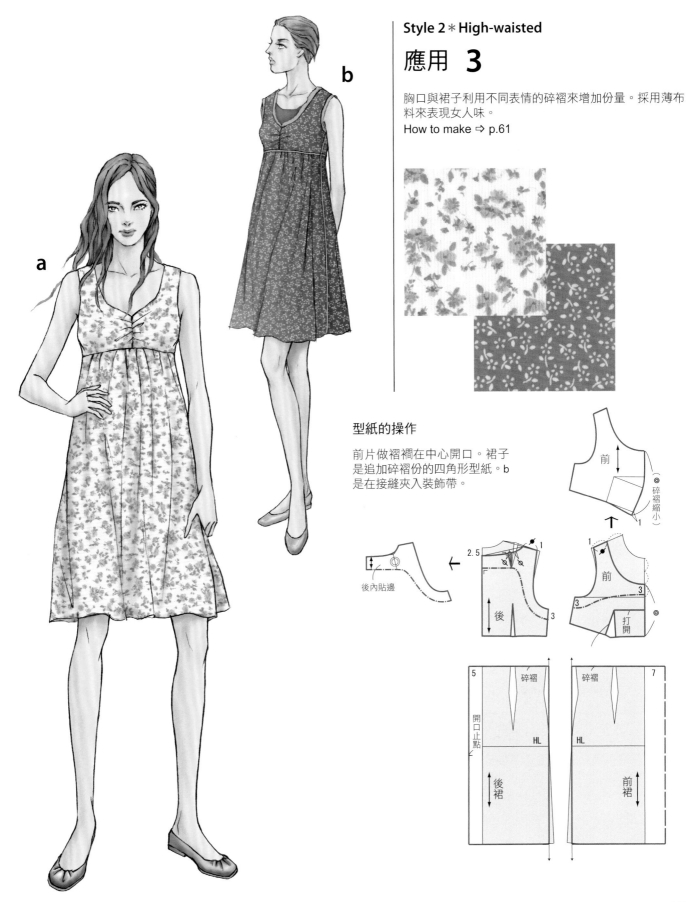

應用 3

胸口與裙子利用不同表情的碎褶來增加份量。採用薄布料來表現女人味。

How to make ⇨ p.61

型紙的操作

前片做褶襉在中心開口。裙子是追加碎褶份的四角形型紙。b是在接縫夾入裝飾帶。

Low-waisted（低腰）

Style 3 低腰連身裙

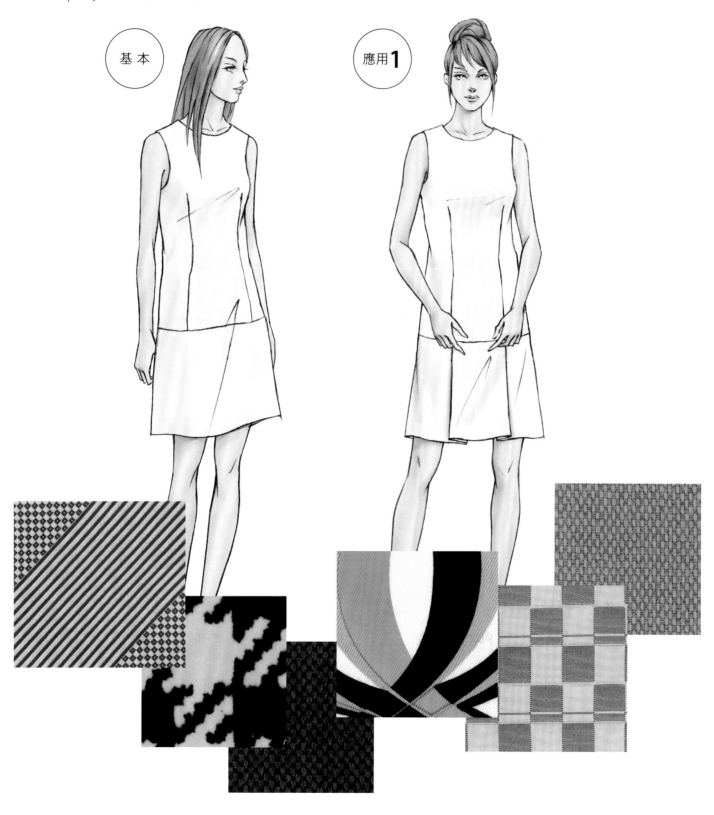

基本

應用**1**

這是在比腰低的位置剪接而成的連身裙。
和高腰一樣，有從腰轉移視線的效果，僅裙子的花樣就能享受各式各樣的變化。

Style 3 ＊ Low-waisted
基本

拿掉腰褶襉的無袖、無領款式。在臀線的位置剪接。
How to make ⇨ p.62

基本型紙（正面）

加上裙子接片的大前褶襉，有抑制袖籠浮起的效果。

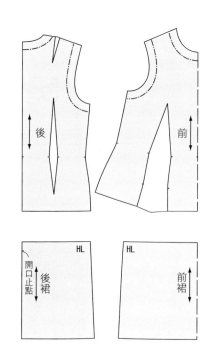

應用 1

上身片不變，在前裙的兩側加入2條活褶。
How to make ⇨ p.63

型紙的操作

在裙子兩側加入活褶的位置，必須和上身片的褶襉位置
吻合。

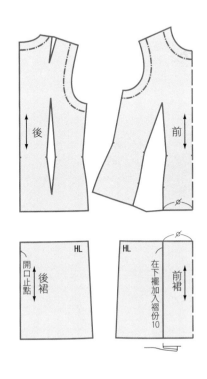

Style 3＊Low-waisted

應用 **2**

上身片不變，在裙子重疊4層緄邊形成線條優美的時髦設計。

How to make ⇨ p.64

型紙的操作

緄邊要配合前後接上尺寸來製圖，打開波浪份。因縫上相同大小的4片緄邊，使裙子變成四角形。

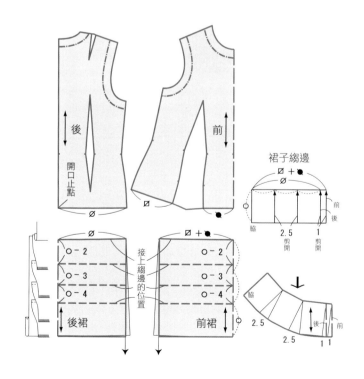

應用 3

藉由搭配波狀花邊式的縐邊，把簡單的胸前裝飾得有豪華感。
How to make ⇨ p.65

型紙的操作

在前中心縫上3條圓形的縐邊。
附錄有型紙。
裙子部分是基本款。

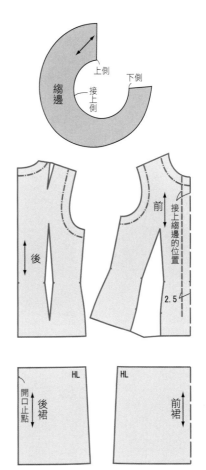

A-line 1（A字）

Style 4 A字連身裙（無袖）

基本

應用**1**

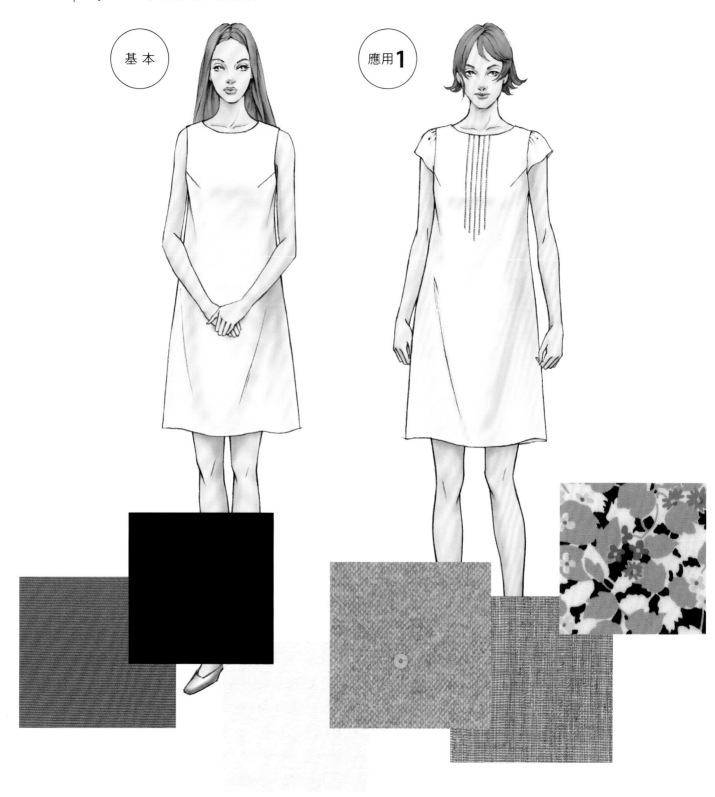

從上身片到裙身的線條如A字般、下襬呈寬廣剪裁的連身裙。
領圍與袖籠的開口保持均衡也是要點所在。

基本

無領與無袖，強調A字的簡單剪裁。
How to make ⇨ p.66

基本型紙（正面）

前片抑制袖籠浮起，從胸向下襬形成自然A字輪廓的袖籠褶襇。

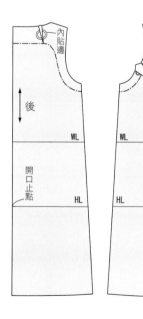

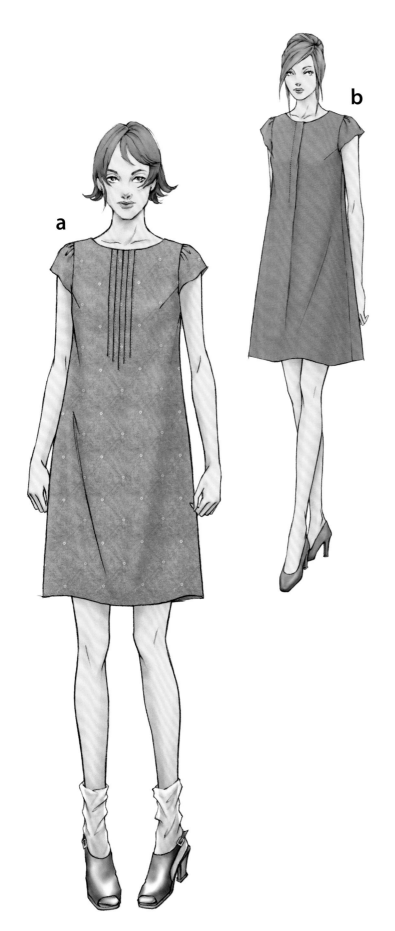

a

b

應用 **1**

在胸前做針紋褶飾或打褶，接上小片蓋肩袖。
How to make ⇨ p.67

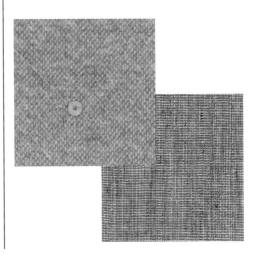

型紙的操作

打褶份在裁斷時追加。
a是以5條針紋褶飾來處理，**b**是以1條褶來處理。蓋肩袖在附錄有型紙。

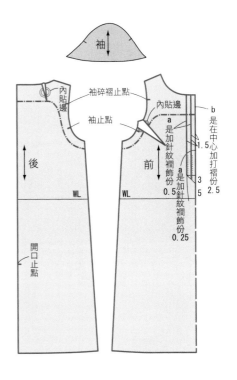

袖

後
內貼邊
袖碎褶止點
袖止點
內貼邊
前
WL
WL
開口止點

b 是在中心加打褶份 2.5

a 是加針紋褶飾份 0.5
a 是加針紋褶飾份 0.25

1.5
3
5

應用 **2**

在別布剪接的開口部分編成的裝飾,加上披肩式四角形袖,就變成民俗風款式。
How to make ⇨ p.68

基本型紙(正面)

在前中心切開來製作開口。加上接袖的位置,使用這個尺寸來為四角形袖製圖。

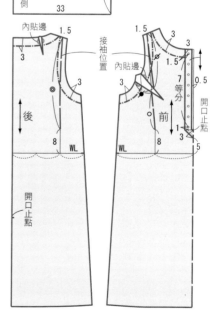

應用 3

改變剪接部分的布料或鈕釦,變成披肩式的袖,就予人
異國情調的印象。

How to make ⇨ p.69、86

型紙的操作

和應用2一樣做前開口,在後中
心做對摺邊。使用接袖尺寸來為
三角形的袖製圖。a的羅馬式上衣
,是把長度剪短加上開叉,在下
襬縫上蕾絲。b則是在開口處縫
上花朵形鈕釦。

10

後袖接上止點

接後袖尺寸 ◎

袖

40 肩

接前袖尺寸
(∅ + ○)

前袖接上止點

10

內貼邊 1.5

3

後

8 WL

0.5 HL

5 蕾絲

羅馬式上衣下襬

接袖位置

內貼邊 1.5 3

3 前 ○

WL 8

HL 0.5

蕾絲 5

羅馬式上衣下襬

接鈕釦位置
a是7
等分(上前是圈)

接花朵形鈕釦位置
b是5等分

0.5

2 3

5

開口止點

羅馬式上衣開叉止點

A-line 2（A字）

Style 5 A字連身裙

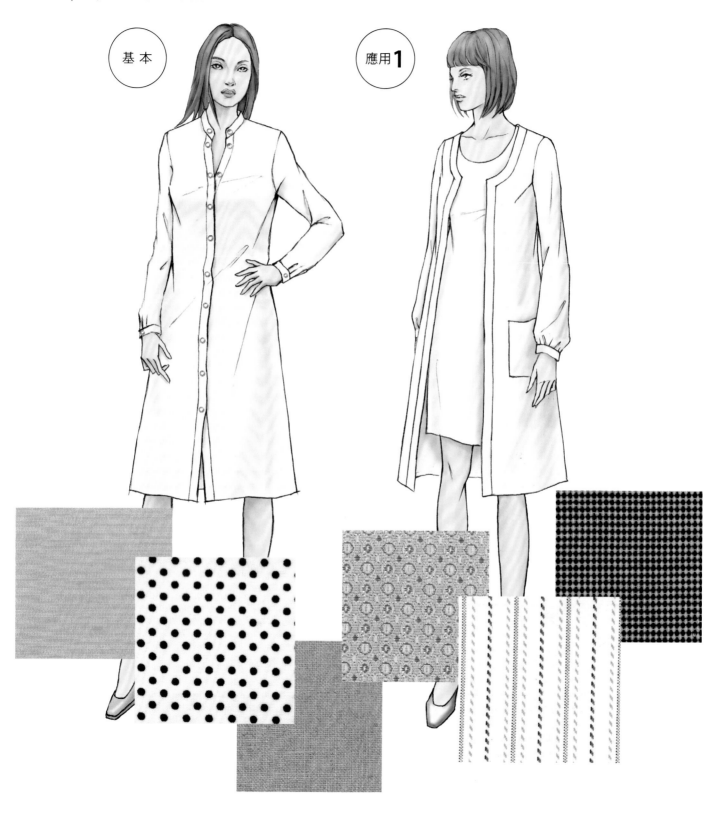

基本

應用**1**

基本的接袖A字連身裙。寬鬆的剪裁，做為長羊毛上衣或外套式洋裝等外出服非常方便。

應用2

應用3

Style 5 ＊ A-line 2

基本

沒有腰褶襉的寬鬆剪裁。立領與前襟顯得時髦的設計。
How to make ⇨ p.70

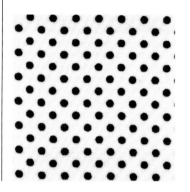

基本型紙（裡面）

肩頭不會掉落的基本袖
籠。袖子在袖口用2條褶
做成袖口。

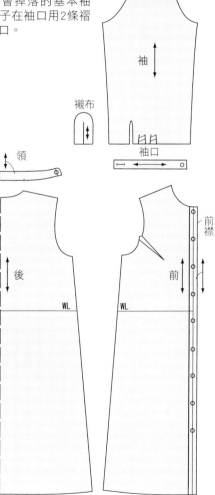

應用 **1**

把沒有領的圓領口以裝飾布來剪接。
How to make ⇨ p.71、86

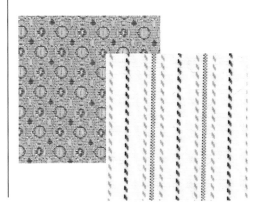

型紙的操作

把領圍的肩與前中心剪成開口的重疊份，平行劃裝飾線。把袖子的下端垂直向下做碎褶。**a**是摺疊褶襉，在胸前加上裁片。

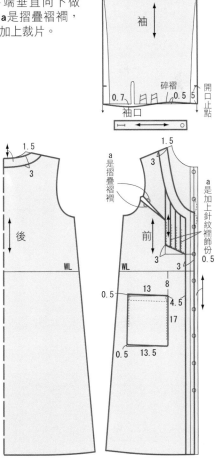

應用 **2**

美麗清爽呈現前胸的杓形領圍（大圓領口），後面是拉鍊開口。

How to make ➪ p.72

型紙的操作

在前中心做對摺邊，後面
做開口，把領圍的肩與前
中心裁深。袖子和應用1
一樣。**a**領圍的外內貼邊
與袖口使用別布。

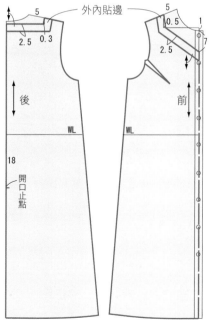

a

b

應用 3

把前片交疊成重疊式，在脇夾縫、收整齊的設計。
How to make ⇨ p.73、86

型紙的操作

前片摺疊褶襉，在肩打開
領圍有餘裕。在第6顆鈕釦
與下襬的位置左右同尺寸
打開，和肩連接。a的袖是
窄袖，b是半袖加上蝴蝶結
的袖口。

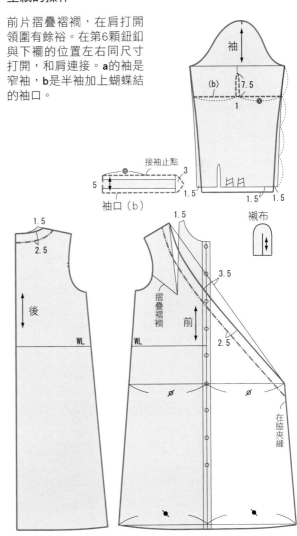

袖

(b)　7.5
1

接袖止點

3
5
1.5

袖口（b）

1.5　1.5

襯布

1.5

2.5

後

WL

1.5

3.5

摺疊褶襉

前

WL

2.5

∅　∅

在脇夾縫

Shirt（襯衫式）

Style 6 襯衫式連身裙

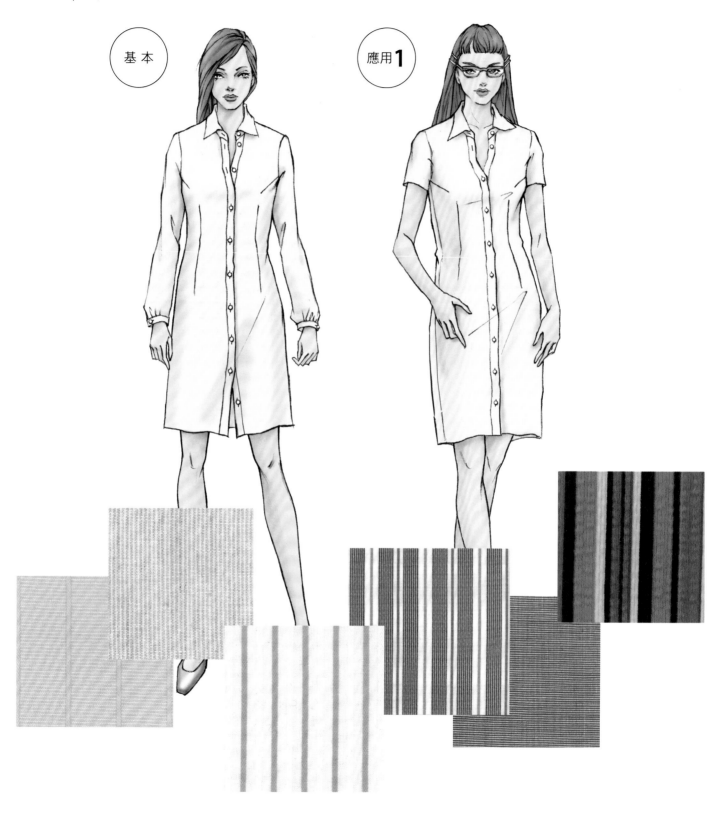

基本

應用**1**

這是把襯衫的下襬直接加長的設計。依素材能完全讓人改觀，可享受各種不同的穿法是襯衫式連身裙的優點。

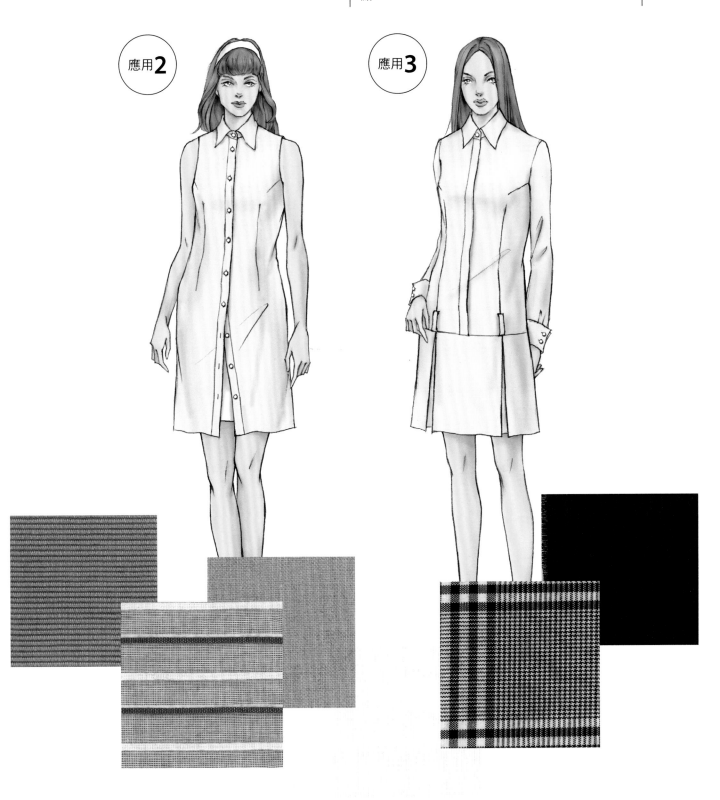

應用**2**

應用**3**

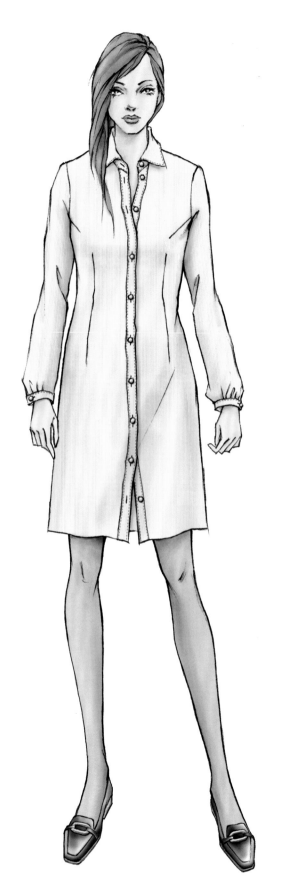

基本

利用褶襉 把腰做成合身的線條。領子是基本的常規領（
方角領）設計。

How to make ⇨ p.74

基本型紙（裡面）

上身片在腰、袖籠、肩做
褶襇。前襟加上台領與上
領。

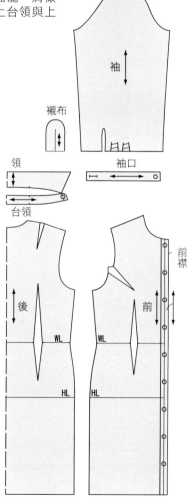

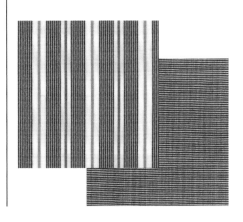

Style 6 ＊ Shirt

應用 1

把袖長剪短的半袖，給人休閒時髦的印象。
How to make ⇨ p.75

型紙的操作

剪短袖長。追加口袋的設計，有效利用縫法。**a**在領子、台領、前襟使用別布。

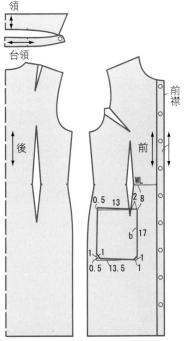

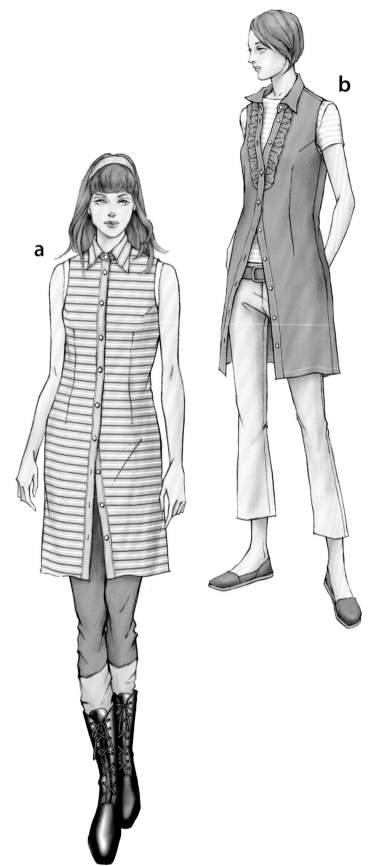

應用 **2**

去掉袖子變成無袖。袖籠因裁到肩頭而變得清爽。
How to make ⇨ p.76

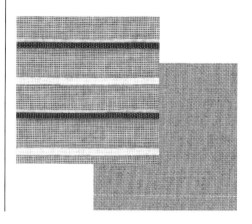

型紙的操作

裁剪袖籠時，在型紙的袖籠
做褶褶，實際摺疊拉出。a在
前襟使用別布。b是在前襟夾
起皺邊。

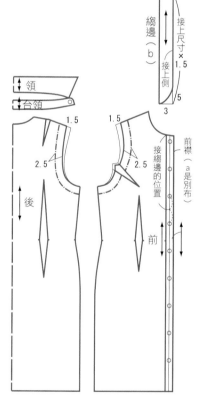

應用 3

這是在臀線剪接做成裙子摺疊活褶的設計。
How to make ⇨p.77

型紙的操作

裙子在HL加上剪接線，
把褶襉的尖端垂直向下
的線加在褶份。反摺的
雙層袖口在兩側製作鈕
釦眼。

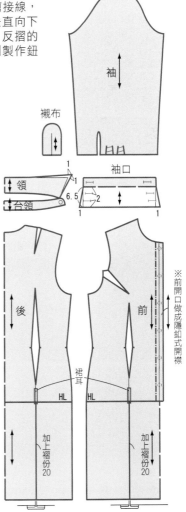

Smock(罩衫式)

Style 7 罩衫式連身裙

基本

應用**1**

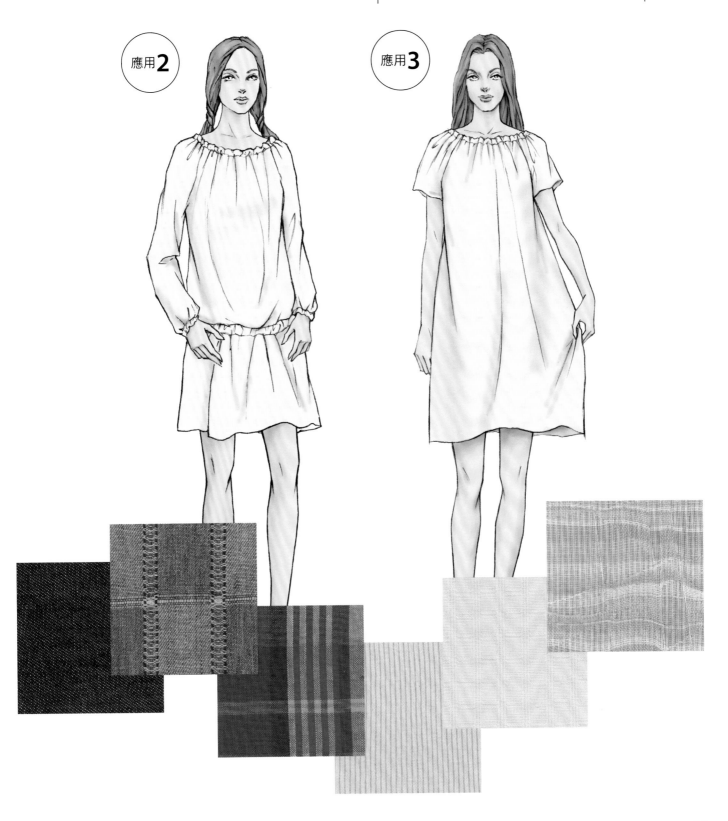

可輕鬆做動作的斜肩袖，作法也簡單。加上許多碎褶的罩衫式連身裙，必須慎選素材與穿法，才不會顯得孩子氣。

應用2

應用3

基本

以斜肩袖做領圍，袖口穿鬆緊帶，就變成寬鬆的剪裁。
永遠穿不膩，作法又簡單的款式。
How to make ⇨ p.78

基本型紙（裡面）

領圍不加內貼邊，反摺縫
份來收拾。做成輕鬆反摺
的曲線形。

穿鬆緊帶

1.5

袖

1.5

穿鬆緊帶

穿鬆緊帶

1.5

後

穿鬆緊帶

1.5

前

Style 7 ＊ Smock

應用 1

如果做成前開口，就能像羊毛上衣般披著穿。
How to make ⇨ p.79

型紙的操作

在前中心追加前襟寬的一半。領圍與剪成5分長的袖口鑲邊布是採直裁方式。

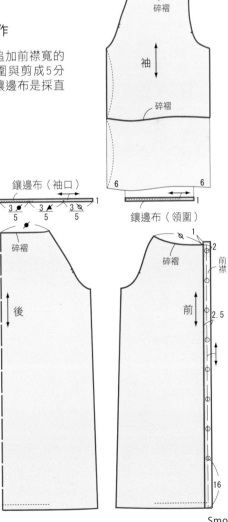

碎褶

袖

碎褶

6　　　6

鑲邊布（袖口）

3　3　3　1
5　5　5

鑲邊布（領圍）

碎褶

後

碎褶

前

前襟

2.5

16

應用 2

在低腰穿過鬆緊帶，穿起來就變得更時尚。僅袖子使用別布就能改變印象。

How to make ⇨ p.80

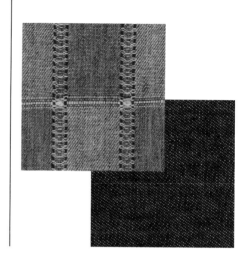

型紙的操作

低腰的寬鬆式罩衫是以HL為基準。領圍的開口大小或寬鬆式罩衫的尺寸，是以鬆緊帶來調節。

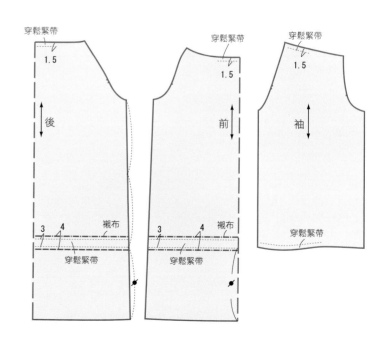

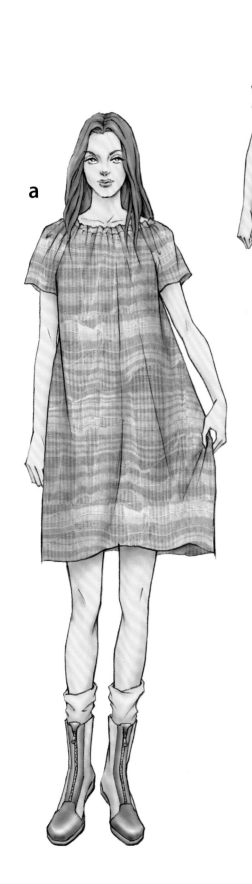

Style 7 ✳ Smock

應用 3

把袖長剪短的半袖，宛如波浪袖一般。b是在袖口與下襬接上扇形編織而變得更有時尚感。

How to make ⇨ p.81、87

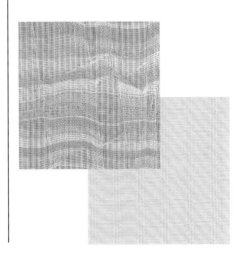

型紙的操作

袖是在基本的袖子加上設計線，剪開此處來製作。在後袖側增加波浪份。b是裁剪下襬，在袖口與下襬接上扇形編織。

穿鬆緊帶（b是繩帶）

1.5

後

把扇形編織拉長接上

下襬束口（b）　4

穿鬆緊帶（b是繩帶）
繩帶穿口（b）

1.5　　1.5

前

3
8　　　5
口袋（b）
15
3
14　　4

4　下襬束口（b）

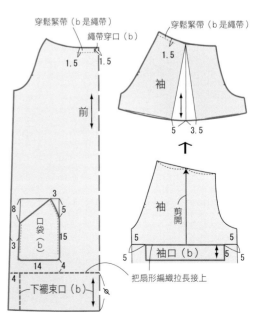

穿鬆緊帶（b是繩帶）

1.5

袖

5　3.5

↑

袖　剪開

5　　　　　5
5　袖口（b）　5

把扇形編織拉長接上

Peasant look(農婦裝、村姑服)

Style 8 農婦裝式連身裙

基本

應用**1**

有份量的農婦式連身裙，取材於方便活動的農人服款式。不論
是素材、刺繡或蕾絲等，都要使用樸素的天然素材才相配。

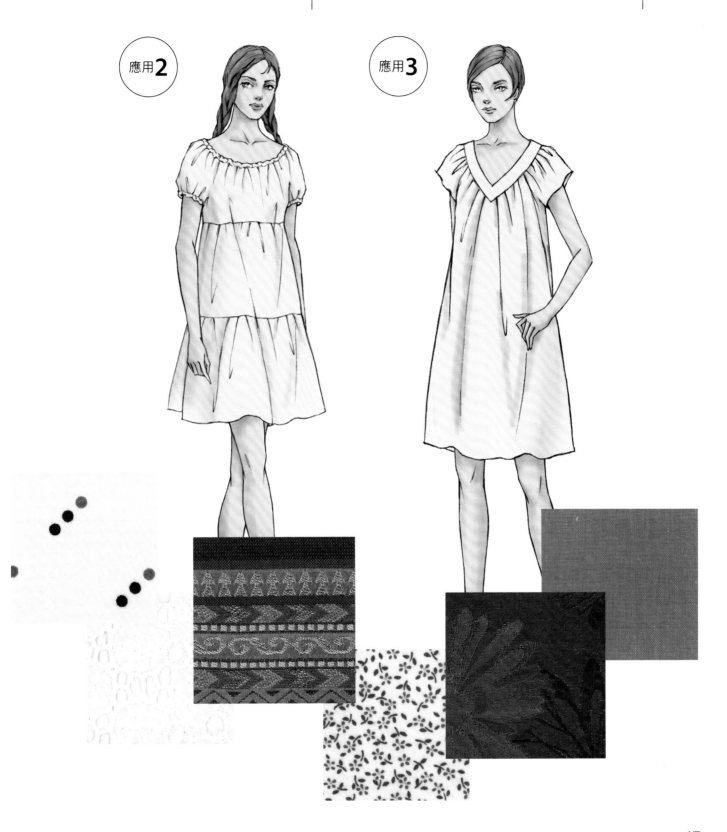

應用**2**

應用**3**

Style 8 ＊ Peasant look

基本

領圍是穿繩帶的設計。接上斜向剪裁袋口的腰口袋。
How to make ⇨ p.82

基本型紙（裡面）

沒有上袖的和服袖。特別加強前方肩的傾斜度來防止
在和服袖常有的領圍後垂。

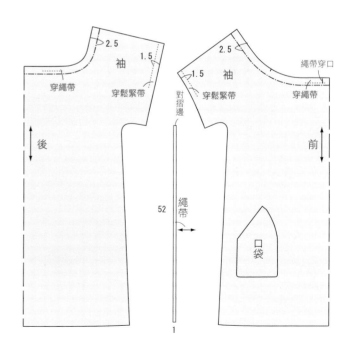

應用 1

胸前使用鬆緊線做成碎褶，充滿女人味的設計。下襬使用蕾絲料的扇形花邊。

How to make ⇨ p.83

型紙的操作

袖口是採用以內貼邊壓碎褶的作法，因此內貼邊是裁成碎褶份。

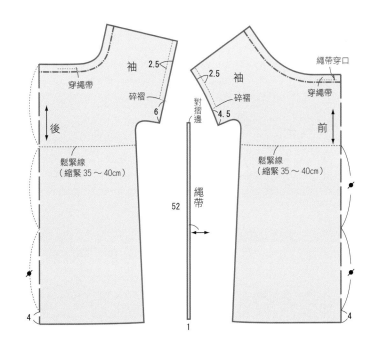

a

b

應用 2

把上身片剪接成階層式，穿起來就能享受寬鬆的重疊感。
How to make ⇨ p.84

型紙的操作

階層式的平衡是在剪接位置把
下段做長，碎褶的份量是接上
尺寸的1.5倍。**b**是在剪接位置夾
碎褶蕾絲。

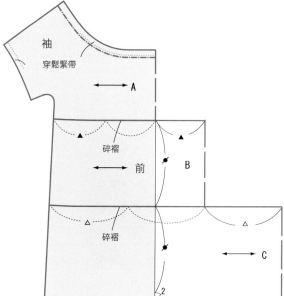

袖
穿鬆緊帶

A →

碎褶

B　後 ←→

C ←→

碎褶

2

袖
穿鬆緊帶

←→ A

碎褶

前　B

C ←→

碎褶

2

Style 8 ＊Peasant look

應用 3

把胸前剪接成V字型。b是接上如墜落般波狀花邊式的綯邊。

How to make ⇨ p.85、87

型紙的操作

把有剪接布的領圍裁大，加長衣服的長度。b是在前中心夾綯邊。附錄有剪接布與綯邊的型紙。

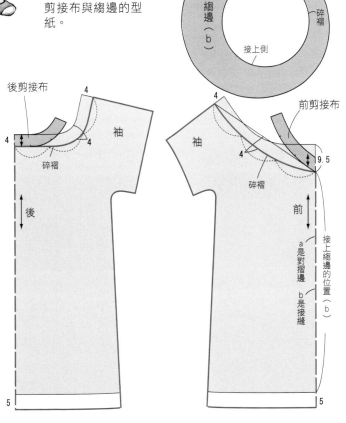

How to make

實物大小型紙的使用方法與作品的作法

《從8種版型學會做32款洋裝》是以插圖來介紹連身裙的8種基本款式及其應用款式。
8種基本款式在附錄有S、M、ML、L尺寸展開的實物大小型紙。

實物大小型紙的使用方法

1. 挑選款式

從8種款式的插圖來挑選自己想做的款式。

2. 謄寫型紙

●如果挑選基本款式
從實物大小型紙的S、M、ML、L之中，把自己尺寸的型紙謄寫在牛皮紙等別張紙上。
此時，別忘了也要畫上內貼邊線與對合記號。

3. 型紙的操作

●如果挑選基本款式以外的應用1、應用2、應用3
①首先將該款式的基本款型紙謄寫在別張紙上
②利用在①所謄寫好的基本款型紙的線條，來製做應用款的型紙

型紙的使用方法在各款式的插圖旁。

基本款式的型紙

應用款式的型紙在附錄有實物大小型紙

應用款式的型紙的操作線與完成線

此時的尺寸並非固定尺寸而是多用等分線，這是為了避免因各款式而走形。
內貼邊線或對合記號是畫好完成線之後再劃上，接袖止點等新的對合記號不要忘記量尺寸並標上。
身長或袖長是完成型紙之後，在下襬線、袖口線平行增減。

4. 完成型紙

將口袋或內貼邊等相互重疊的型紙，分別謄寫在牛皮紙等別張紙上。
此時，有褶襉等拼縫指示的項目，就是邊拼縫邊謄寫。
此外，拼縫的部分或前後的肩、脇等，是把各別型紙的縫線拼縫，訂正成順暢接上的線來完成型紙。

材料與裁合圖

材料是假設實際用布料來製作的情形，以一般的布料寬（110cm寬）來估算。
依款式或型紙的形狀，有時會更寬。
裁合圖是以M尺寸的平衡配置來看。
如果型紙尺寸、布寬不同，或是在調整身長與袖長的時候，用尺也會不同，這點請注意。
應用款式的a、b，依型紙的操作，型紙的形狀或裁合圖也會有差，請注意。

實物大小型紙　正面

Style 1
基本連身裙
基本

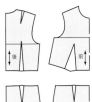

Style 2
高腰連身裙
基本

Style 3
低腰連身裙
基本、應用3-綯邊

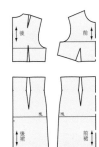

Style 4
A字連身裙-1
基本、應用1-袖

實物大小型紙　背面

Style 5
A字連身裙-2
基本

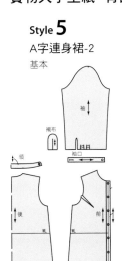

Style 6
襯衫式連身裙
基本

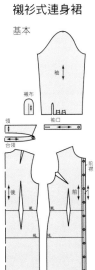

Style 7
罩衫式連身裙
基本

Style 8
農婦裝式連身裙
基本、應用3-綯邊、剪接布

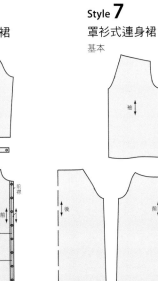

尺寸表（裸體尺寸）

（單位是cm）

名稱 ＼ 尺寸	S	M	ML	L
身長	156	160	164	168
胸圍	79	83	87	91
腰圍	60	64	68	72
臀圍	86	90	94	98

Basic

Style 1 基本連身裙

（基 本）page 6

●需要的型紙（正面）

後、前、後裙、前裙、後領圍內貼邊、前領圍內貼邊、後袖籠內貼邊、前袖籠內貼邊

●材料

表布＝110cm寬

（S、M）2m

（ML、L）2m20cm

接著芯＝90cm寬30cm

隱藏式拉鍊 56cm 1條

彈簧鉤釦 1組

●準備

在內貼邊貼接著芯。

前後上身片、前後裙的縫份（肩、脇、後中心、下襬）、前後內貼邊的後面（領圍、袖籠）是M。

※M是「以平車來車縫」的簡稱。

●縫法順序

1 縫前後上身片的褶襇。

2 分別縫前後上身片、前後領圍內貼邊、前後袖籠內貼邊的肩。

3 把上身片與內貼邊對合中表，縫領圍與袖籠。

4 翻到表面，減少內貼邊來整理。

5 繼續縫上身片與內貼邊的脇。

6 縫前後裙的褶襇。

7 縫裙的脇。

8 縫合上身片與裙（縫份2片都是M）。

9 縫後中心，在開口縫拉鍊（參照P.66）。

10 把下襬向上摺，鎖縫後面。

11 縫上鉤釦。

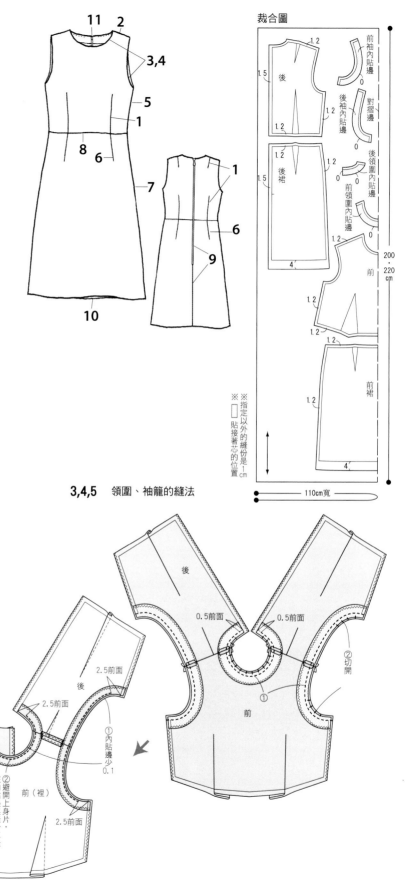

3,4,5 領圍、袖籠的縫法

Basic

Style 1　基本連身裙

應用 **1**　page 7

●需要的型紙（正面）

後、前、後裙、前裙、後領圍內貼邊、前領圍內貼邊、後袖籠內貼邊、前袖籠內貼邊

●材料

表布＝110cm寬

　（S、M）2m　（ML、L）2m20cm

蕾絲＝110cm寬

　（S、M）1m30cm　（ML、L）1m50cm

接著芯＝90cm寬30cm

隱藏式拉鍊 56cm 1條

彈簧鈎釦 1組

絲帶＝1.5cm 寬1m50cm

●準備

在內貼邊貼接著芯。

前後上身片、前後裙的縫份（肩、脇、後中心、下襬）、前後內貼邊的後面（領圍、袖籠）是M。

※M是「以平車來車縫」的簡稱。

●縫法順序

1 在前後上身片、前後裙的表布重疊蕾絲，以假縫固定縫份。

2 縫上身片的褶襉，把蕾絲的扇形花邊鎖縫在表布。

3 分別縫前後上身片、前後領圍內貼邊、前後袖籠內貼邊的肩。

4 把上身片與內貼邊對合中表，縫領圍與袖籠。

5 翻到表面，減少內貼邊來整理。

6 繼續縫上身片與內貼邊的脇。

7 縫前後裙的褶襉。

8 縫裙的脇。

9 縫合上身片與裙（縫份2片都是M）。

10 縫後中心，在開口縫拉鍊（參照P.66。注意蕾絲部分不要夾住拉鍊做星止縫）。

11 把下襬向上摺，鎖縫後面。

12 縫上鈎釦。

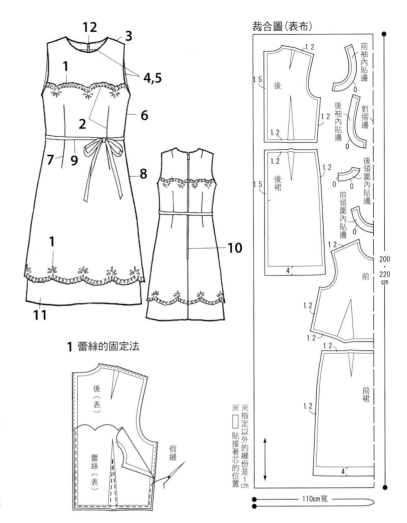

1 蕾絲的固定法

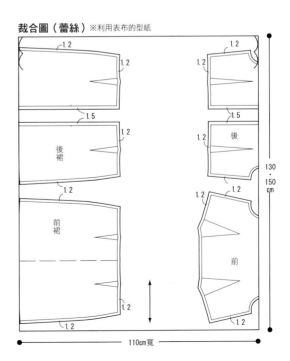

Basic

Style 1　基本連身裙

應用 **2** page 8

●需要的型紙（正面）

後、前、後裙、前裙、後袖籠內貼邊、前袖籠內貼邊、領

●材料

表布＝110cm寬

（S、M）　2m60cm

（ML、L）　2m90cm

接著芯＝90cm寬30cm

隱藏式拉鍊 56cm 1條

彈簧鈎釦 1組

●準備

在內貼邊貼接著芯。

前後上身片、前後裙的縫份（肩、脇、後中心、下襬）、前後袖籠內貼邊的後面是M。

※M是「以平車來車縫」的簡稱。

●縫法順序

1　縫前後上身片的褶襉。

2　分別縫前後上身片、前後袖籠內貼邊的肩。

3　把上身片與內貼邊對合中表，縫袖籠（參照 p.54）。

4　翻到表面，減少內貼邊來整理。

5　繼續縫上身片與內貼邊的脇。

6　縫前後裙的褶襉。

7　縫裙的脇。

8　縫合上身片與裙（縫份2片都是M）。

9　縫後中心，在開口處拉鍊（參照P.66）。

10　領的蝴蝶結部分反縫。

11　縫上領子。

12　把下襬向上摺，鎖縫後面。

13　縫上鈎釦。

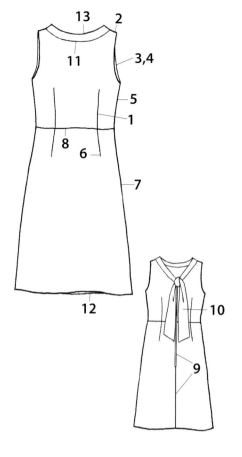

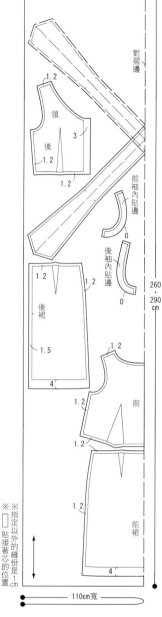

裁合圖

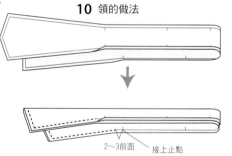

10 領的做法

2～3前面　　接上止點

11 領的縫法

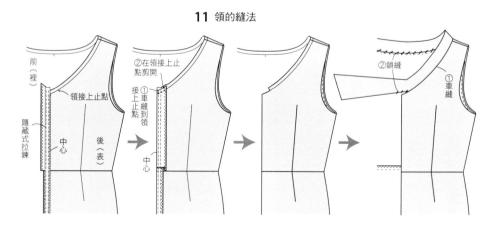

前（裡）

隱藏式拉鍊

領接上止點

中心

後（表）

②在領接上止點剪開

接①車縫止點到領

中心

②鎖縫

①車縫

Basic

Style 1 基本連身裙

應用 3 page 9

●需要的型紙（正面）
後、前、後裙、前裙、後內貼邊、前內貼邊、肩布

●材料
表布＝110cm寬
（S、M）　2m20cm
（ML、L）　2m40cm
接著芯＝90cm寬30cm
隱藏式拉鍊 56cm 1條
彈簧鉤釦 1組

●準備
在內貼邊貼接著芯。
前後上身片、前後裙的縫份（脇、後中心、下襬）
前後內貼邊的後面是M。
※M是「以平車來車縫」的簡稱。

●縫法順序
1　縫前後上身片的褶襉。
2　把肩布的頸側、肩側摺三褶來縫。
3　在上身片與內貼邊對合中表之間夾肩布，縫領
　　圍與袖籠。
4　翻到表面，減少內貼邊來整理。
5　繼續縫上身片與內貼邊的脇。
6　縫前後裙的褶襉。
7　縫裙的脇。
8　縫合上身片與裙（縫份2片都是M）。
9　縫後中心，在開口縫拉鍊（參照P.66）。
10　把下襬向上摺，鎖縫後面。
11　縫上鉤釦。

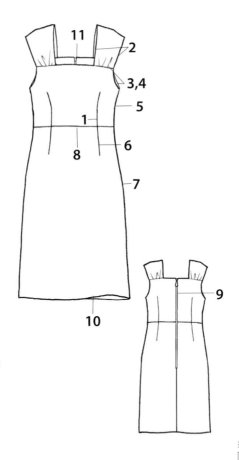

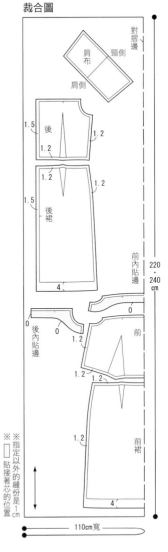

2,3,4 肩布的縫法

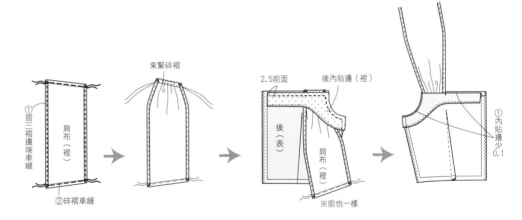

High-waisted

Style 2　高腰連身裙

基 本) page 12

●需要的型紙（正面）

後、前、後裙、前裙、後領圍內貼邊、前領圍內
貼邊、後袖籠內貼邊、前袖籠內貼邊

●材料

表布＝110cm寬

（S、M）2m

（ML、L）2m20cm

接著芯＝90cm寬30cm

隱藏式拉鍊 56cm 1條

彈簧鉤釦 1組

●準備

在內貼邊貼接著芯。

前後上身片、前後裙的縫份（肩、脇、後中心、
下襬）、前後內貼邊的後面（領圍、袖籠）是M。

※M是「以平車來車縫」的簡稱。

●縫法順序

1　縫前後上身片的褶襉。

2　分別縫前後上身片、前後領圍內貼邊、前後
　　袖籠內貼邊的肩。

3　把上身片與內貼邊對合中表，縫領圍與袖籠
　　（參照p.54）。

4　翻到表面，減少內貼邊來整理。

5　繼續縫上身片與內貼邊的脇。

6　縫前後裙的褶襉。

7　縫裙的脇。

8　縫合上身片與裙（縫份2片都是M）。

9　縫後中心，在開口縫拉鍊（參照P.66）。

10　把下襬向上摺，鎖縫後面。

11　縫上鉤釦。

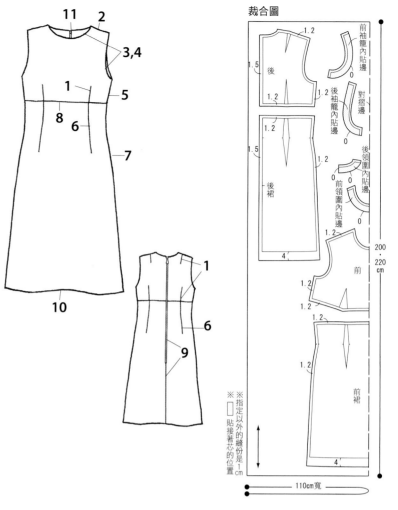

1,6 褶襉的縫法

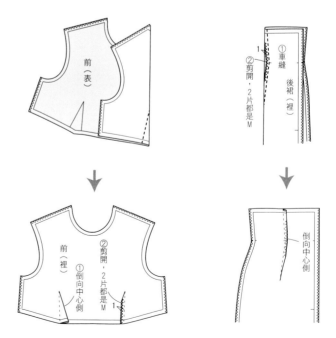

High-waisted

Style 2　高腰連身裙

應用 1　page 13

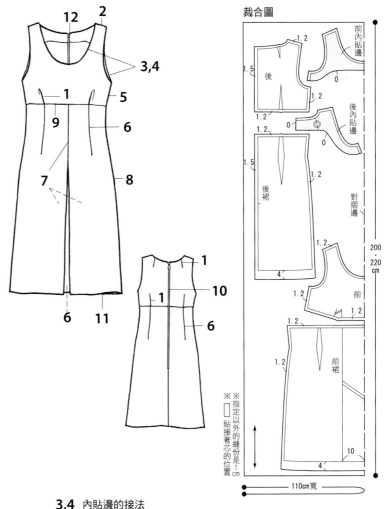

3,4

3,4 內貼邊的接法

●**需要的型紙（正面）**

後、前、後裙、前裙、後內貼邊、前內貼邊

●**材料**

表布＝110cm寬

（S、M）　2m

（ML、L）　2m20cm

接著芯＝90cm寬40cm

隱藏式拉鍊 56cm 1條

彈簧鉤釦 1組

●**準備**

在內貼邊貼接著芯。

前後上身片、前後裙的縫份（肩、脇、後中心、下襬）、前後內貼邊的後面是M。

※M是「以平車來車縫」的簡稱。

●**縫法順序**

1　縫後上身片的褶襉，摺疊前上身片的褶暫時固定。

2　縫前後上身片、前後內貼邊的肩。

3　把上身片與內貼邊對合中表，縫領圍與袖籠。

4　把後上身片穿過肩翻到表面，減少內貼邊來整理。

5　繼續縫上身片與內貼邊的脇。

6　縫前後裙的褶襉，把活褶部分的下襬向上摺鎖縫（參照p.63）。

7　摺疊前裙的活褶，縫裡摺層山到止縫。

8　縫裙的脇。

9　縫合上身片與裙。（縫份2片都是M）。

10　縫後中心，在開口縫拉鍊（參照P.66）。

11　把剩下的下襬向上摺，鎖縫後面。

12　縫上鉤釦。

裁合圖

前內貼邊

後

1.5

1.2

1.2

1.2

後內貼邊

1.5

後裙

1.2

對摺邊

4

200·220cm

1.2

前

1.2

1.2

前裙

10

4

110cm寬

※□指定以外的縫份是1cm
※□貼接著芯的位置

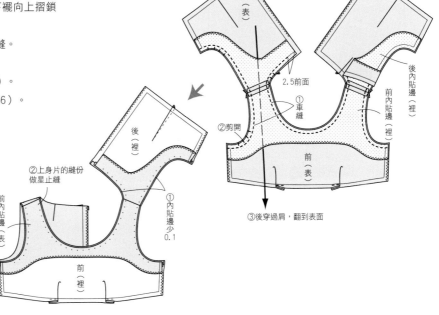

後（表）

2.5前面

①車縫

②剪開

前內貼邊（裡）

後內貼邊（裡）

前（表）

③後穿過肩，翻到表面

後（裡）

②上身片的縫份做星止縫

前內貼邊（表）

①內貼邊少0.1

前（裡）

High-waisted

Style 2　高腰連身裙

應用 2　page 14

●需要的型紙（正面）

後、前、後裙、前裙、後內貼邊、前內貼邊

●材料

表布＝110cm寬

（S、M）　2m

（ML、L）　2m20cm

接著芯＝90cm寬40cm

隱藏式拉鍊 56cm 1條

彈簧鉤釦 1組

●準備

在內貼邊貼接著芯。前後上身片、前後裙的縫份

（肩、脇、後中心、下襬）前後內貼邊的後面是M。

※M是「以平車來車縫」的簡稱。

●縫法順序

1　縫後上身片的褶襉，在前上身片做碎褶車縫。

2　分別縫前後上身片、前後內貼邊的肩。

3　把上身片與內貼邊對合中表，縫領圍與袖籠

　　（參照p.59。）

4　把後上身片穿過肩翻到表面，減少內貼邊來整

　　理。

5　繼續縫上身片與內貼邊的脇。

6　縫裙的褶襉，縫脇。

7　縫合上身片與裙。（縫份2片都是M）。

8　把後中心縫到開叉止點，在開叉縫拉鍊（參照

　　P.66）。

9　製作開叉。

10　把下襬向上摺，鎖縫後面。

11　縫上鉤釦。

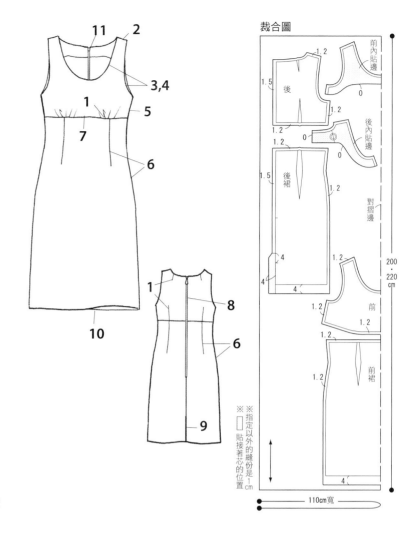

裁合圖

9,10 開叉的邊緣收拾

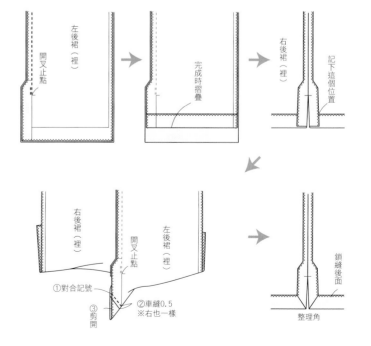

High-waisted

Style 2 高腰連身裙

應用 3 page 15

●需要的型紙（正面）

後、前、後裙、前裙、後內貼邊、前內貼邊
、裡後、裡前、裡後裙、裡前裙

●材料（除裝飾帶以外a、b一樣）

表布＝110cm寬

（S、M） 2m10cm

（ML、L） 2m30cm

裡布＝90cm寬1m90cm

接著芯＝90cm寬40cm

隱藏式拉鍊 56cm 1條

彈簧鉤釦 1組

b是裝飾帶適宜

●準備

在內貼邊貼接著芯。裙的後中心與脇、下襬是M。

※M是「以平車來車縫」的簡稱。

●縫法順序

1 縫後上身片的褶襉，在前上身片做碎褶車縫。

2 分別縫前後上身片、前後內貼邊的肩。

3 把上身片與內貼邊對合中表，縫領圍與袖籠
（參照p.59。）

4 翻到表面，減少內貼邊來整理。

5 繼續縫上身片與內貼邊的脇。

6 縫上身片的裡布，與內貼邊縫合。

7 縫裙的脇，在腰縫份做碎褶車縫。

8 縫裙的裡布，把裙的腰縫份暫時固定。

9 拿掉上身片的裡布縫合裙。

10 縫後中心，在開口縫拉鍊（參照P.66）。

11 完成時摺疊上身片裡布的腰，鎖縫在腰縫份。

12 把下襬向上摺，鎖縫後面。

13 縫上鉤釦。

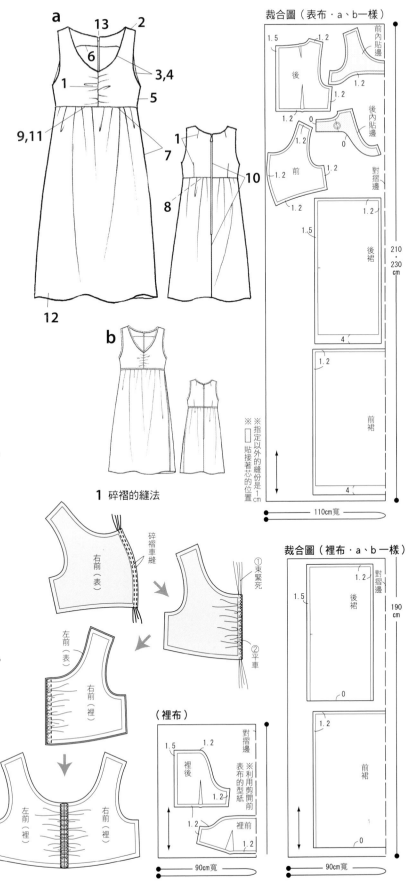

1 碎褶的縫法

Low-waisted

Style 3 低腰連身裙

(基本) page 18

●需要的型紙（正面）

後、前、後裙、前裙、後領圍內貼邊、前領圍內貼
邊、後袖籠內貼邊、前袖籠內貼邊

●材料

表布＝110cm寬

（S、M）2m

（ML、L）2m20cm

接著芯＝90cm寬30cm

隱藏式拉鍊 56cm 1條

彈簧鉤釦 1組

●準備

在內貼邊貼接著芯。

前後上身片、前後裙的縫份（肩、脇、後中心、下
襬）、前後內貼邊的後面（領圍、袖籠）是M。

※M是「以平車來車縫」的簡稱。

●縫法順序

1　縫上身片的碎褶（前碎褶2片都是M）。

2　分別縫前後上身片、前後領圍內貼邊、前後袖
　　籠內貼邊的肩。

3　把上身片與內貼邊對合中表，縫領圍與袖籠
　　（參照P.54）。

4　翻到表面，減少內貼邊來整理。

5　繼續縫上身片與內貼邊的脇。

6　縫裙的脇。

7　縫合上身片與裙（縫份2片都是M）。

8　縫後中心，在開口縫拉鍊（參照P.66）。

9　把下襬向上摺，鎖縫後面。

10　縫上鉤釦。

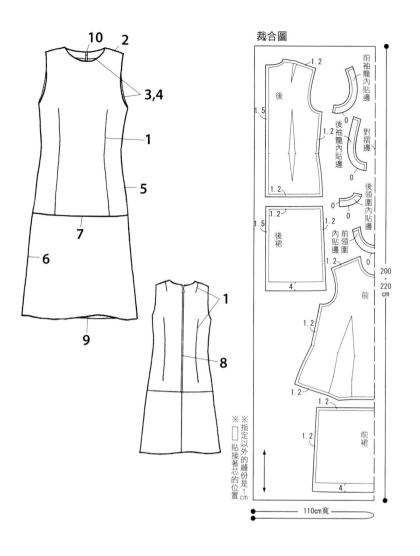

1 前上身片碎褶的縫法

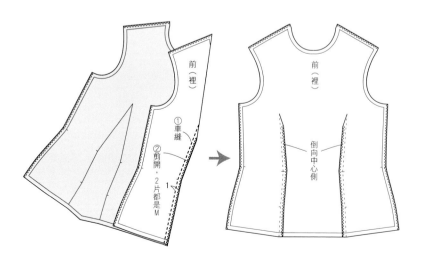

Low-waisted

Style 3　低腰連身裙

應用 1 page 19

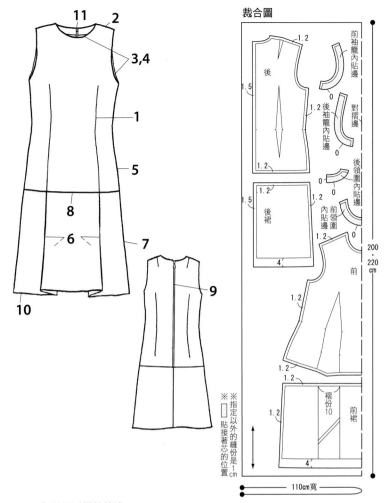

●需要的型紙（正面）

●需要的型紙（正面）

後、前、後裙、前裙、後領圍內貼邊、前領圍內貼邊、後袖籠內貼邊、前袖籠內貼邊

●材料

表布＝110cm寬

（S、M）　2m

（ML、L）　2m20cm

接著芯＝90cm寬30cm

隱藏式拉鍊　56cm　1條

彈簧鉤釦　1組

●準備

在內貼邊貼接著芯。

前後上身片、前後裙的縫份（肩、脇、後中心、下襬）、前後內貼邊的後面（領圍、袖籠）是M。

※M是「以平車來車縫」的簡稱。

●縫法順序

1 　縫上身片的碎褶（參照p.62。前碎褶2片都是M）。

2 　分別縫前後上身片、前後領圍內貼邊、前後袖籠內貼邊的肩。

3 　把上身片與內貼邊對合中表，縫領圍與袖籠（參照P.54）。

4 　翻到表面，減少內貼邊來整理。

5 　繼續縫上身片與內貼邊的脇。

6 　摺疊前裙的活褶，縫裡摺層山。

7 　縫裙的脇。

8 　縫合上身片與裙（縫份2片都是M）。

9 　縫後中心，在開口縫拉鍊（參照P.66）。

10 　把剩下的下襬向上摺，鎖縫後面。

11 　縫上鉤釦。

裁合圖

6 前裙活褶的縫法

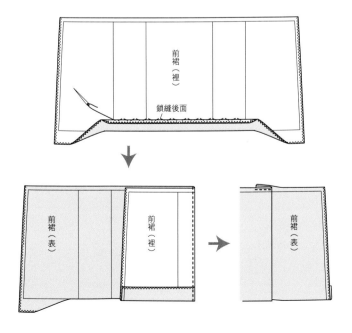

Low-waisted

Style 3 低腰連身裙

應用 2 page 20

●需要的型紙（正面）

後、前、後裙、前裙、後縐邊、前縐邊、後領圍內貼邊、前領圍內貼邊、後袖籠內貼邊、前袖籠內貼邊

●材料

表布＝110cm寬

（S、M） 3m

（ML、L） 3m20cm

接著芯＝90cm寬30cm

隱藏式拉鍊 56cm 1條

彈簧鉤釦 1組

●準備

在內貼邊貼接著芯。

前後上身片、前後裙的縫份（肩、脇、後中心、下襬）、前後縐邊的脇、前後內貼邊的後面（領圍、袖籠）是M。

※M是「以平車來車縫」的簡稱。

●縫法順序

1 縫上身片的碎褶。

2 分別縫前後上身片、前後內貼邊的肩。

3 把上身片與內貼邊對合中表，縫領圍與袖籠（參照P.54）。

4 翻到表面，減少內貼邊來整理。

5 繼續縫上身片與內貼邊的脇。

6 縫裙的脇。

7 分別縫裙縐邊的脇。

8 把縐邊縫在裙。

9 在後中心縫拉鍊（參照P.66）。

10 縫合上身片與裙（縫2片都是M）。

11 把下襬向上摺，鎖縫後面。

12 縫上鉤釦。

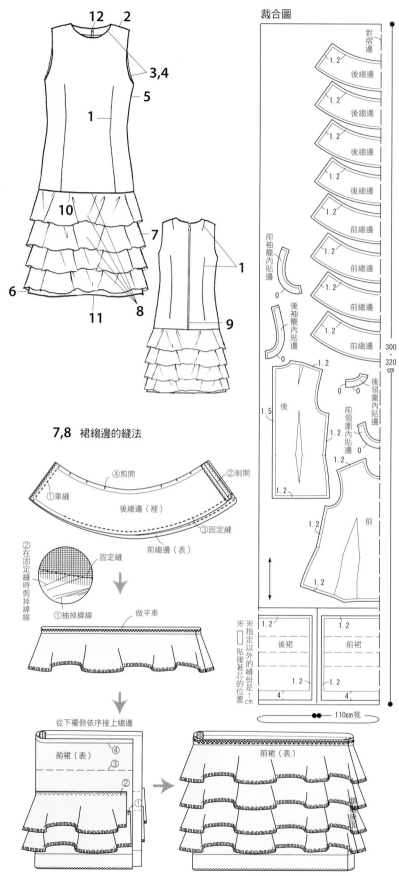

7,8 裙縐邊的縫法

Low-waisted

Style 3 低腰連身裙

應用 3 page 21

●需要的型紙（正面）

後、前、後裙、前裙、後領圍內貼邊、前領圍內貼邊、後袖籠內貼邊、前袖籠內貼邊、縐邊

●材料

表布＝110cm寬

（S、M） 2m30cm

（ML、L） 2m50cm

接著芯＝90cm寬30cm

隱藏式拉鍊 56cm 1條

彈簧鉤釦 1組

●準備

在內貼邊貼接著芯。

前後上身片、前後裙的縫份（肩、脇、後中心、下襬）、前後內貼邊的後面（領圍、袖籠）是M。縐邊外圍做繞邊平車。

※M是「以平車來車縫」的簡稱。

●縫法順序

1 縫上身片的碎褶。

2 把縐邊縫在上身片。

3 分別縫前後上身片、前後內貼邊的肩。

4 把上身片與內貼邊對合中表，縫領圍與袖籠（參照P.54）。

5 翻到表面，減少內貼邊來整理。

6 繼續縫上身片與內貼邊的脇。

7 縫裙的脇。

8 縫合上身片與裙（縫份2片都是M）。

9 縫後中心，在開口縫拉鍊（參照P.66）。

10 把下襬向上摺，鎖縫後面。

11 縫上鉤釦。

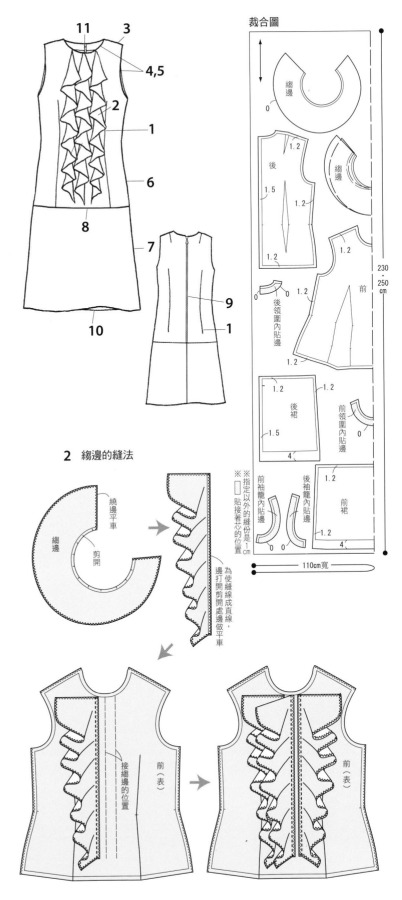

2 縐邊的縫法

A-line 1

Style 4 A字連身裙-1

基本 page 24

●需要的型紙（正面）

後、前、後內貼邊、前內貼邊

●材料

表布＝110cm寬

（S、M） 2m

（ML、L） 2m20cm

接著芯＝90cm寬40cm

隱藏式拉鍊 56cm 1條

彈簧鉤釦 1組

●準備

在內貼邊貼接著芯。

前後上身片（肩、脅、後中心、下襬）、前後內貼邊的後面是M。

※M是「以平車來車縫」的簡稱。

●縫法順序

1 縫前後上身片的碎褶。

2 分別縫前後上身片、前後內貼邊的肩。

3 把上身片與內貼邊對合中表，縫領圍與袖籠（參照P.59）。

4 翻到表面，減少內貼邊來整理。

5 繼續縫上身片與內貼邊的脅。

6 縫後中心，在開口縫拉鍊。

7 把下襬向上摺，鎖縫後面。

8 縫上鉤釦。

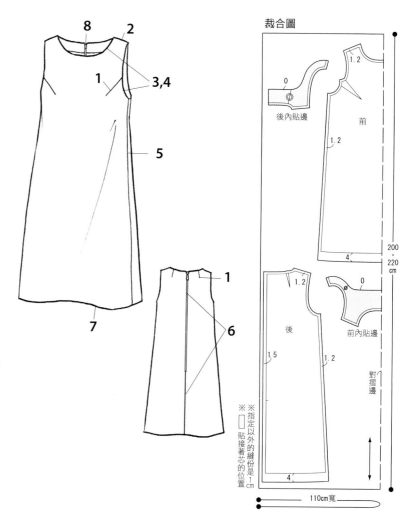

裁合圖

6 拉鍊的縫法

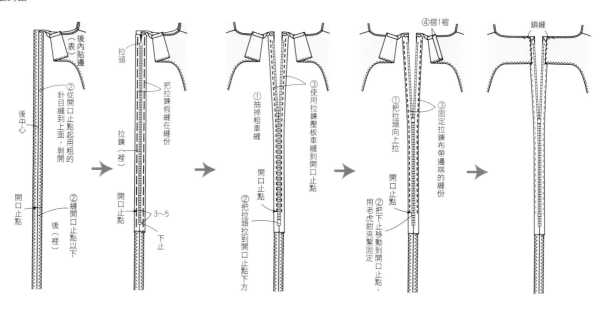

A-line 1

Style 4　A字連身裙-1

應用 1　page 25

●需要的型紙（正面）

後、前、後內貼邊、前內貼邊、袖

●材料（a、b一樣）

表布＝110cm寬

（S、M）　2m

（ML、L）　2m20cm

接著芯＝90cm寬40cm

隱藏式拉鍊　56cm　1條

彈簧鉤釦　1組

●準備

在內貼邊貼接著芯。

前後上身片（肩、脇、後中心、下襬）、袖口、前

後內貼邊的後面是M。

※M是「以平車來車縫」的簡稱。

●縫法順序

1　a是縫0.5的針紋褶飾5條，b是縫2.5的褶1條。

2　縫前後上身片的碎褶。

3　袖口向上摺，鎖縫後面，在袖山縫碎褶車縫。

4　把上身片與內貼邊對合中表，夾袖縫領圍與袖

　　籠（參照P.59）。

5　翻到表面，減少內貼邊來整理。

6　繼續縫上身片與內貼邊的脇。

7　縫後中心，在開口縫拉鍊（參照p.66）。

8　把下襬向上摺，鎖縫後面。

9　縫上鉤釦。

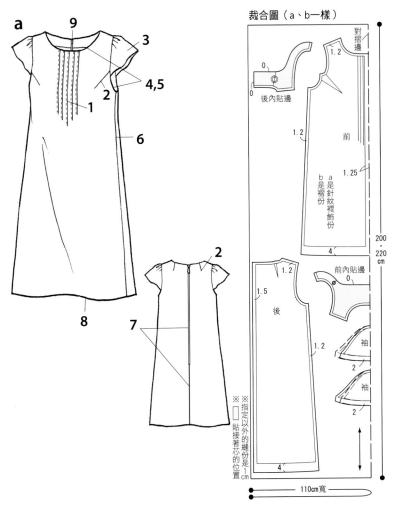

裁合圖（a、b一樣）

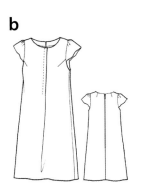

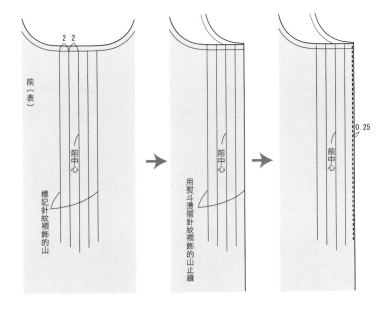

1　a 的針紋褶飾的縫法

A-line 1

Style 4　A字連身裙-1

應用 2　page 26

●需要的型紙（正面）

後、前、後領圍內貼邊、前領圍內貼邊、後袖籠內
貼邊、前袖籠內貼邊、前中心布、袖

●材料

表布＝110cm寬

（S、M）　2m20cm

（ML、L）　2m40cm

別布（前中心表布份）＝10×40cm

接著芯＝90cm寬50cm

隱藏式拉鍊　56cm　1條

孔眼環（內徑0.5cm）16個、圓繩帶1m

●準備

在內貼邊、前中心布貼接著芯。

前後上身片（肩、脇、下襬）、袖的接線、前後內
貼邊的後面（領圍、袖籠）、前中心裡布是M。

※M是「以平車來車縫」的簡稱。

●縫法順序

1　以假縫把別布固定在前片的開口。

2　縫前中心裡布與前領圍內貼邊。

3　縫前後上身片的碎褶。

4　分別縫前後上身片、前後領圍內貼邊、前後袖
　　籠內貼邊的肩。

5　收拾前中心的開口。

6　把上身片與內貼邊對合中表，縫袖籠。

7　翻到表面，減少內貼邊來整理。

8　繼續縫上身片與內貼邊的脇。

9　縫後中心，在開口縫拉鍊（參照p.66）。

10　以三摺車縫來收拾袖的3邊，縫上。

11　把下襬向上摺，鎖縫後面。

12　在前開口裝上孔眼環，穿過圓繩帶。

13　縫上鈎釦。

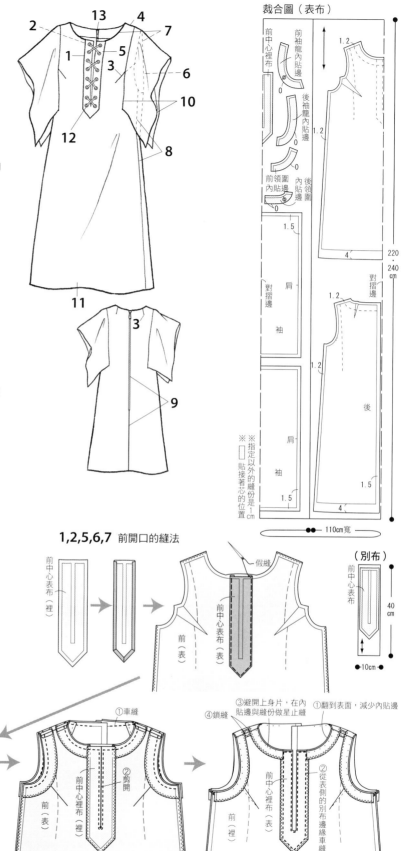

A-line 1

Style 4 A字連身裙-1

應用 3 page 27

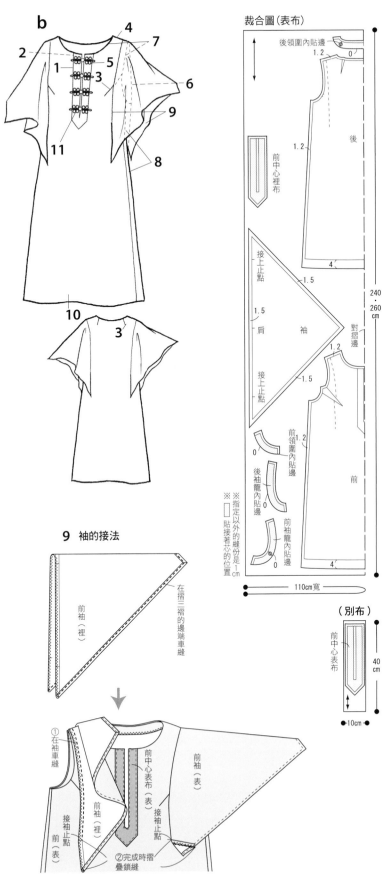

●需要的型紙（正面）

後、前、後領圍內貼邊、前領圍內貼邊、後袖籠內貼邊、前袖籠內貼邊、前中心布、袖

●材料

表布＝110cm寬

（S、M） 2m40cm

（ML、L） 2m60cm

別布（前中心表布份）＝10×40cm

接著芯＝90cm寬50cm

花朵形鈕釦 4組

●準備

在內貼邊、前中心布貼接著芯。

前後上身片（肩、脇、下襬）、袖的接線、前後內貼邊的後面（領圍、袖籠）、前中心裡布是M。

※M是「以平車來車縫」的簡稱。

●縫法順序

1 以假縫把別布固定在前片的開口（參照p.68）。

2 縫前中心裡布與前領圍內貼邊。

3 縫前後上身片的碎褶。

4 分別縫前後上身片、前後領圍內貼邊、前後袖龍內貼邊的肩。

5 收拾前中心的開口。

6 把上身片與內貼邊對合中表，縫袖籠。

7 翻到表面，減少內貼邊來整理。

8 繼續縫上身片與內貼邊的脇。

9 製作袖，縫上。

10 把下襬向上摺，鎖縫後面。

11 在前開口縫上花朵形鈕扣。

● a所需要的型紙與材料在p.86

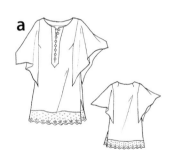

9 袖的接法

A-line 2

Style 5 A字連身裙-2

基本 page 30

●需要的型紙（背面）
後、前、袖、領、前襟、袖口、襯布

●材料
表布＝110cm寬
（S、M）　2m50cm
（ML、L）　2m70cm
接著芯＝90cm寬1m10cm
直徑1.2cm的按釦　12組

●準備
在領、前襟、袖口、襯布貼接著芯。
前後上身片的縫份（肩、脇、下襬）、襯布的後面
是M。
※M是「以平車來車縫」的簡稱。

●縫法順序
1　縫前上身片的碎褶。
2　把前襟接在前端。
3　縫肩。
4　縫脇。
5　製作領。
6　接上領。
7　製作袖（袖下縫份2片都是M）。
8　接上袖（縫份2片都是M）。
9　下襬向上摺，鎖縫後面。。
10　縫上按釦。

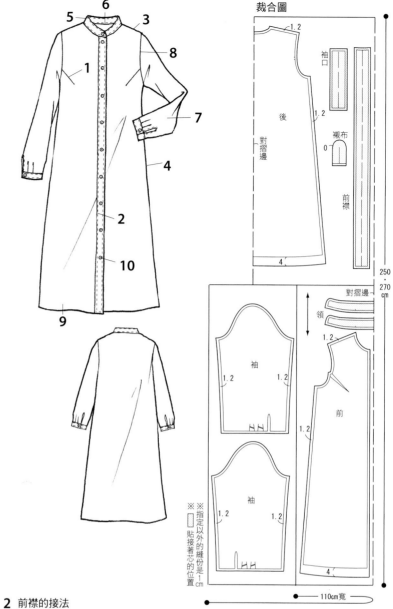

裁合圖

袖口

襯布

後

對摺邊

前襟

4

領

對摺邊

袖

前

4

250・270cm

110cm寬

※指定以外的縫份是1cm
□貼接著芯的位置

2　前襟的接法

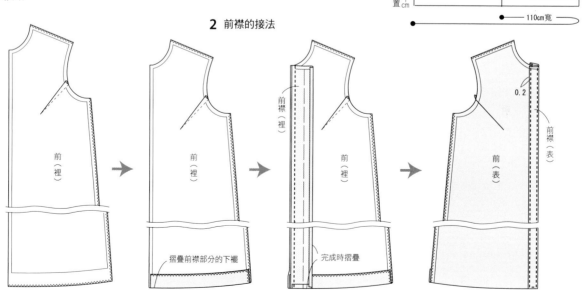

前（裡）

前（裡）

摺疊前襟部分的下襬

前（裡）
前襟（裡）

完成時摺疊

前（表）
前襟（表）

0.2

70

A-line 2

Style 5　A字連身裙-2

應用 1　page 31

●需要的型紙（背面）

後、前、裁片、袖、後剪接布、前剪接布、袖口、口袋

●材料

表布＝110cm寬

（S、M）　2m40cm

（ML、L）　2m60cm

別布（前後剪接布份）＝90cm寬1m10cm

接著芯＝90cm寬1m10cm

直徑1.2cm的鈕釦　2顆

●準備

在後剪接布、前剪接布、袖口、口袋口貼接著芯。

前後上身片的縫份（肩、脇、下襬、袖下、裁片剪接線）是M。

※M是「以平車來車縫」的簡稱。

●縫法順序

1　縫裁片的針紋褶飾。

2　接上裁片。

3　製作口袋，接上。

4　縫合前上身片與前剪接布。

5　縫合後上身片與後剪接布。

6　分別縫前後上身片、前後裡剪接布的肩。

7　把上身片與裡剪接布對合，從領圍縫前端。

8　翻到正面，減少裡剪接布側來整理，後面在完成時摺疊鎖縫。

9　縫脇。

10　製作袖。

11　接上袖。（參照p.75。縫份2片都是M）。

12　下襬向上摺，鎖縫後面。

13　製作鈕釦眼，縫上鈕釦。

●b所需要的型紙與材料在p.86

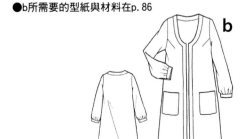

4　前上身片與前剪接布的縫合法

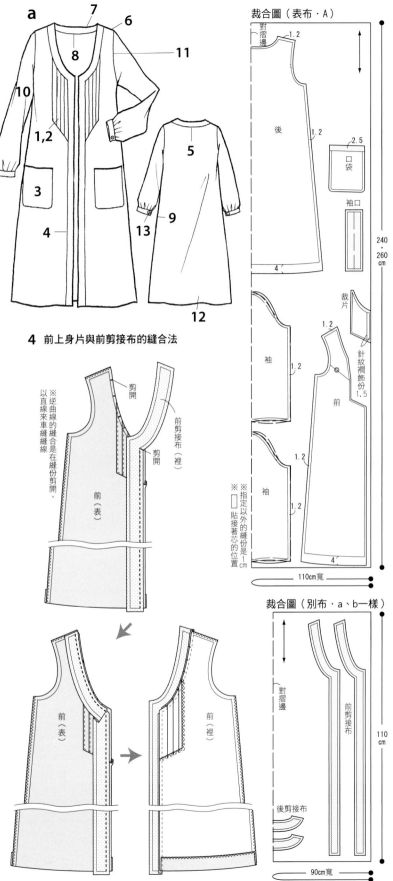

A-line 2

Style 5 A字連身裙-2

應用 **2** page 32

●需要的型紙（背面）

後、前、袖、袖口、後領圍內貼邊、前領圍內貼邊

●材料（別布以外a、b一樣）

表布＝110cm寬

（S、M）2m30cm

（ML、L）2m40cm

接著芯＝90cm寬30cm

隱藏式拉鍊56cm 1條

彈簧鉤釦 1組

直徑1.2cm的鈕釦 2顆

a是別布（外內貼邊、袖口份）＝50×30cm

●準備

在外內貼邊、袖口貼接著芯。

前後上身片與袖的縫份（肩、脇、後中心、下襬、袖下）是M。

※M是「以平車來車縫」的簡稱。

●縫法順序

1 縫前上身片的碎褶。

2 分別縫前後上身片、前後領圍外內貼邊的肩。

3 縫後中心，在開口縫拉鍊。

4 完成時摺疊外內貼邊的外圍，把外內貼邊放在上身片裡面，縫領圍。

5 翻到表面，減少上身片側來整理。

6 縫脇。

7 製作袖。

8 接上袖。（縫份2片都是M）。

9 把下襬向上摺，鎖縫後面。

10 製作鈕釦眼，縫上鈕釦。

11 縫上鉤釦。

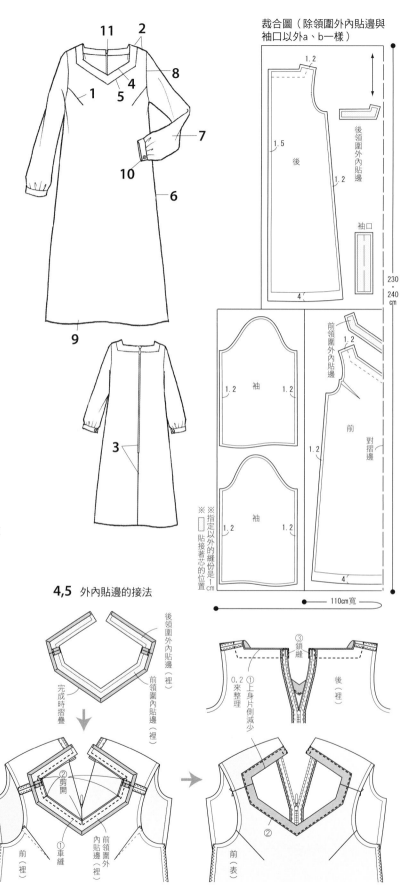

72

A-line 2

Style 5　A字連身裙-2

應用 3　page 33

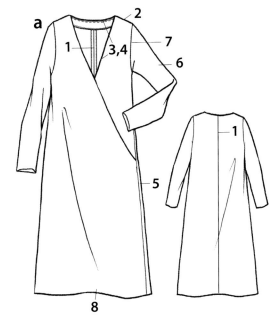

●**需要的型紙（背面）**

後、前、袖、後領圍內貼邊、前領圍內貼邊

●**材料**

表布＝110cm寬

（S、M）　3m

（ML、L）　3m20cm

接著芯＝90cm寬80cm

●**準備**

在內貼邊貼接著芯。

前後上身片與袖的縫份（肩、後中心、下襬、袖下、袖口）、內貼邊的後面是M。

※M是「以平車來車縫」的簡稱。

●**縫法順序**

1　縫後中心。

2　分別縫前後上身片、前後領圍內貼邊的肩。

3　把上身片與內貼邊對合，縫領圍。

4　翻到表面，減少內貼邊側來整理。

5　重疊前片，縫脇（縫份3片都是M）。

6　製作袖。

7　接上袖。（參照P.75。縫份2片都是M）。

8　把下襬向上摺，鎖縫後面。

● **b 所需要的型紙與材料在 p.86**

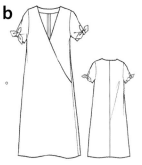

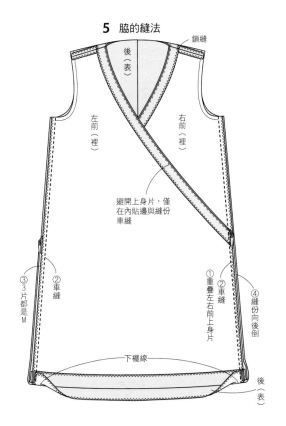

5　脇的縫法

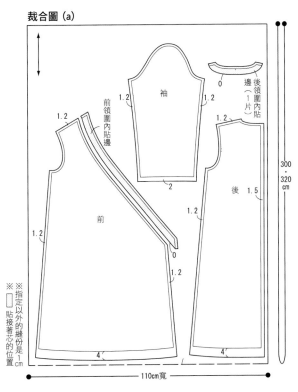

裁合圖（a）

Shirt

Style 6　襯衫式連身裙

基 本　page 36

●需要的型紙（背面）
後、前、前襟、領、台領、袖、袖口、襯布

●材料
表布＝110cm寬
（S、M）　2m40cm
（ML、L）　2m60cm
接著芯＝90cm寬1m
直徑1.2cm的鈕釦　12顆

●準備
在領、台領、襯布、前襟、袖口貼接著芯。
前後上身片與袖的縫份（脇、肩、袖下）、襯布的
後面是M。
※M是「以平車來車縫」的簡稱。

●縫法順序
1　縫前後上身片的碎褶。
2　縫肩。
3　縫脇。
4　下襬摺三褶來收拾
5　把前襟接在前端（參照p.70）。
6　製作領。
7　接上領。
8　製作袖
9　接上袖（參照p.75。縫份2片都是M）。
10　製作鈕釦眼，縫上鈕釦。

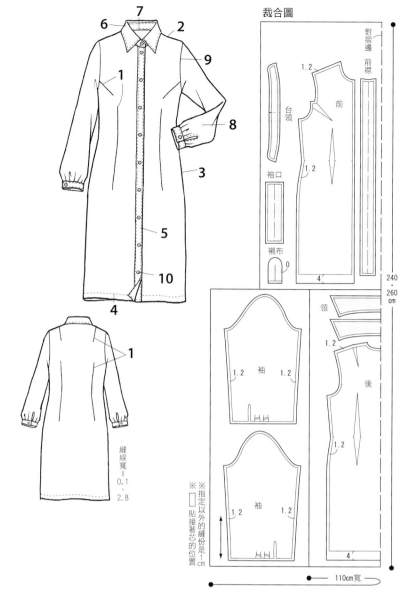

裁合圖

縫線寬＝0.1、2.8

240·260cm

110cm寬

7　領的作法
※領的接法請參照76頁

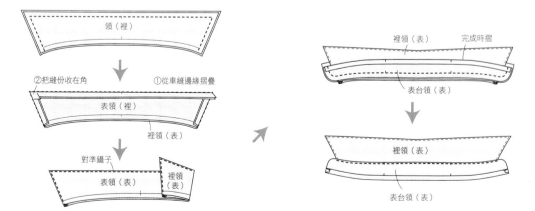

領（裡）

②把縫份收在角　①從車縫邊緣摺疊

表領（裡）

裡領（表）

對準鑷子

表領（表）　裡領（表）

裡領（表）　完成時摺

表台領（表）

裡領（表）

表台領（表）

Shirt

Style 6 襯衫式連身裙

應用 **1** page 37

● 需要的型紙（背面）

後、前、前襟、領、台領、袖、口袋（b）

● 材料（除別布以外a、b一樣）

表布＝110cm寬

（S、M） 2m20cm

（ML、L） 2m40cm

接著芯＝90cm寬1m

直徑1.2cm的鈕釦 10顆

a是別布（領、台領、前襟份）＝90cm寬1m

● 準備

在領、台領、前襟貼接著芯。

前後上身片與袖的縫份（脇、肩、袖下）是M。

※M是「以平車來車縫」的簡稱。

● 縫法順序

1　縫前後上身片的碎褶。（b是接上口袋）

2　縫肩。

3　縫脇。

4　下襬摺三褶來收拾。

5　把前襟接在前端（參照p.70）。

6　製作領（參照p.74）。

7　接上領（參照p.76）。

8　製作袖。

9　接上袖（縫份2片都是M）。

10　製作鈕釦眼，縫上鈕釦。

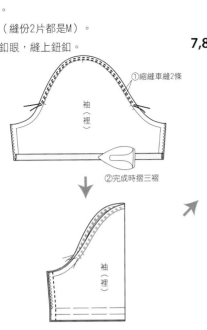

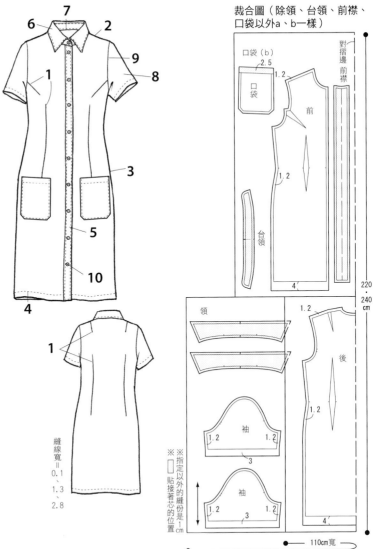

裁合圖（除領、台領、前襟、口袋以外a、b一樣）

7,8 袖的作法、接法

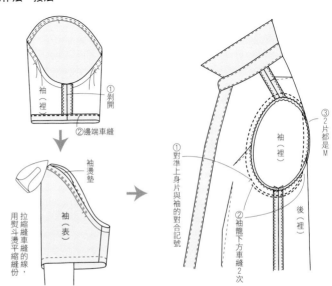

Shirt

Style 6　襯衫式連身裙

應用 **2**　page 38

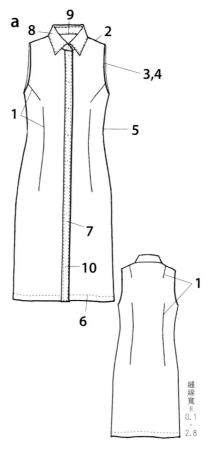

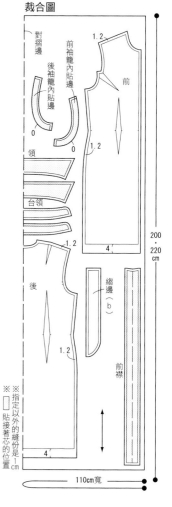

裁合圖

●**需要的型紙（背面）**

後、前、前襟、領、台領、後袖籠內貼邊、前袖籠
內貼邊、綯邊（b）

●**材料（別布以外a、b一樣）**

布＝110cm寬

（S、M）　2m

（ML、L）　2m20cm

接著芯＝90cm寬1m

直徑1.2cm的鈕釦　10顆

a是別布（前襟份）＝90cm寬1m

●**準備**

在領、台領、前襟、內貼邊貼接著芯。

前後上身片與袖的縫份（脇、肩）、內貼邊的後面
是M。

※M是「以平車來車縫」的簡稱。

●**縫法順序**

1　縫前後上身片的碎褶。

2　分別縫前後上身片、前後袖籠內貼邊的肩。

3　把上身片與內貼邊對合中表，縫袖籠。

4　翻到表面，減少內貼邊來整理。

5　繼續縫上身片與內貼邊的脇。

6　下襬摺三褶來收拾。

7　把前襟接在前端（參照p.70。b是夾起綯邊）

8　製作領。

9　接上領。

10　製作鈕釦眼，縫上鈕釦。

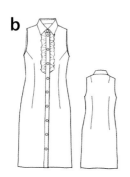

8 領的接法

※領的作法請參照74頁

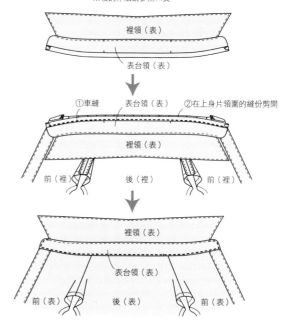

Shirt

Style 6 襯衫式連身裙

應用 **3** page 39

●需要的型紙（背面）

後、前、領、台領、袖口、襯布、後裙、前裙

●材料

表布＝110cm寬

（S、M） 3m

（ML、L） 3m20cm

別布＝110cm寬

（S、M） 60cm

（ML、L） 70cm

接著芯＝90cm寬70cm

直徑1.2cm的鈕釦 15顆（隱釦式開襟用6顆）

●準備

在領、台領、襯布、前端、袖口貼接著芯。

前後上身片、前後裙與袖的縫份（肩、脇、袖下、下襬）、襯布的後面是M。

※M是「以平車來車縫」的簡稱。

●縫法順序

1　縫前後上身片的碎褶。

2　收拾左前端。在右前端製作鈕釦眼，做成概略隱釦式開襟。

3　縫肩。

4　縫脇。

5　製作領（參照p.74）

6　接上領（參照p.76）

7　摺疊前後裙的活褶，縫裡摺層山（參照p.63）

8　縫裙的脇。

9　製作裙耳。

10　夾起裙耳縫合上身片與裙（縫份2片都是M）。

11　製作袖。

12　接上袖（參照p.75。縫份2片都是M）。

13　把剩下的下襬向上摺，鎖縫後面。

14　縫上鈕釦。

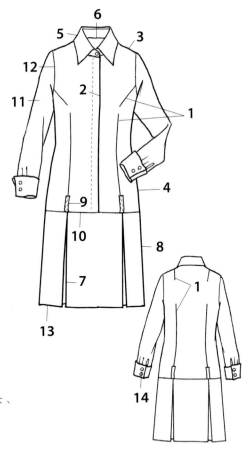

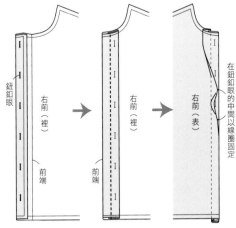

2 右前端概略隱釦式開襟的縫法

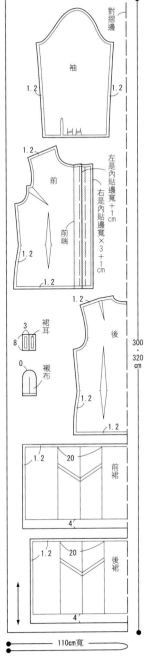

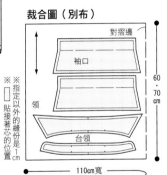

Smock

Style 7 罩衫式連身裙

基 本 page 42

●需要的型紙（背面）

後、前、袖

●材料

表布＝110cm寬

（S、M）2m80cm

（ML、L）3m

鬆緊帶＝0.5cm寬1m

●準備

前後上身片與袖的縫份（脇、下襬、領圍、袖下、

袖口）是M。

※M是「以平車來車縫」的簡稱。

●縫法順序

1　縫前後上身片的脇。

2　把下襬摺三褶來收拾。

3　製作袖。

4　接上袖（縫份2片都是M）。

5　縫領圍。

6　縫袖口。

7　在領圍與袖口穿鬆緊帶。

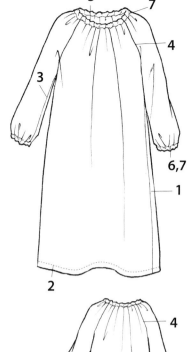

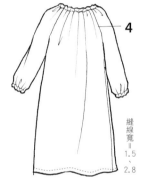

4,5,7 領圍的縫法

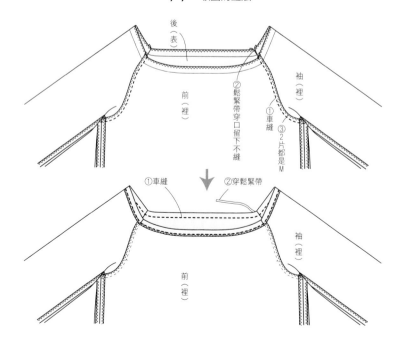

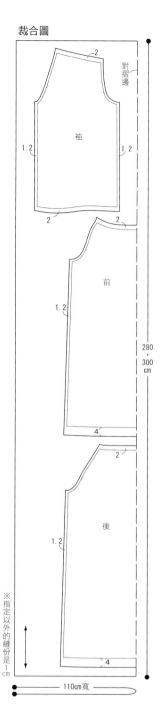

裁合圖

78

Smock

Style 7 罩衫式連身裙

應用 1 page 43

●需要的型紙（背面）

後、前、袖、前襟

●材料

表布＝110cm寬

（S、M）2m60cm

（ML、L）2m80cm

接著芯＝90cm寬1m

直徑1.2cm的鈕釦8顆

●準備

在前襟貼接著芯。

前後上身片與袖的縫份（脇、下襬、袖下）是M。

※M是「以平車來車縫」的簡稱。

●縫法順序

1 縫前後上身片的脇。

2 縫袖下。

3 接上袖（縫份2片都是M）。

4 在領圍、袖口做碎褶車縫。

5 以鑲邊布來收拾領圍、袖口。

6 下襬摺三褶來收拾。

7 接上前襟（參照p.70）。

8 製作鈕釦眼，縫上鈕釦。

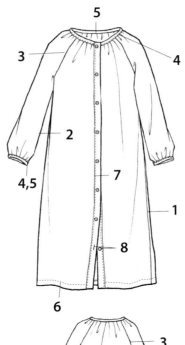

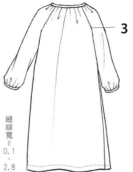

縫線寬＝0.1 2.8

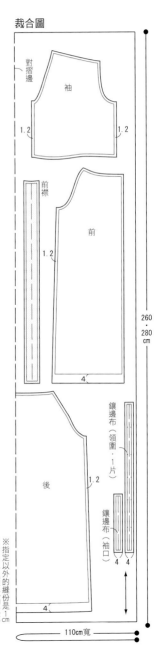

裁合圖

5 領圍鑲邊布的縫法（袖口也一樣）

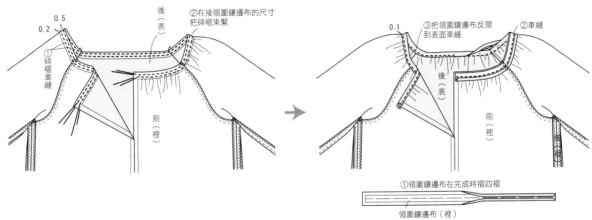

Smock

Style 7 罩衫式連身裙

應用 **2** page 44

●需要的型紙（背面）

後、前、袖、後襯布、前襯布

●材料

表布＝110cm寬

（S、M）2m

（ML、L）2m10cm

別布（袖份）＝110cm寬80cm

鬆緊帶＝0.5cm寬1m、2cm寬1m

●準備

前後上身片與袖的縫份（脇、領圍、袖下、袖口）

是M。

※M是「以平車來車縫」的簡稱。

●縫法順序

1　縫前後上身片的脇。

2　接上前後襯布。

3　把下襬摺三褶來收拾。

4　縫袖下。

5　接上袖（參照p.78。縫份2片都是M）。

6　縫領圍。

7　縫袖口。

8　在領圍與袖口、腰穿鬆緊帶。

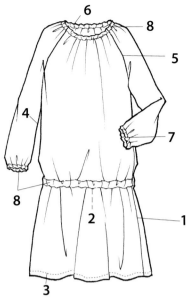

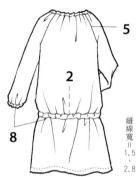

2 前後襯布的接法

縫線寬＝1.5、2.8

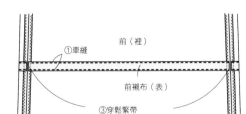

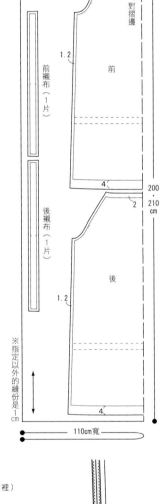

裁合圖（別布）

袖

80cm

110cm寬

裁合圖（別布）

前襯布（1片）

後襯布（1片）

前

後

200・210cm

110cm寬

※指定以外的縫份是1cm

Smock
Style 7　罩衫式連身裙

應用**3** page 45

●需要的型紙（背面）
後、前、袖
●材料
表布＝110cm寬
　（S、M）2m40cm
　（ML、L）2m60cm
鬆緊帶＝0.5cm寬60cm
●準備
前後上身片與袖的縫份（脇、領圍、袖下、袖口）
是M。
※M是「以平車來車縫」的簡稱。
●縫法順序
1　縫前後上身片的脇。
2　製作袖。
3　接上袖（參照p.78。縫份2片都是M）。
4　縫領圍。
5　在領圍穿鬆緊帶。
6　下襬摺三褶來收拾。
● b所需要的型紙與材料在p.87

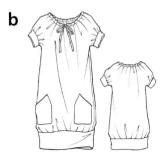

a

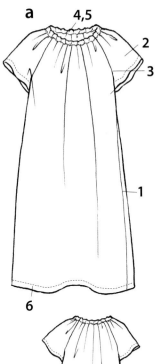

4,5

2

3

1

6

縫線寬＝1.5、2.8

裁合圖

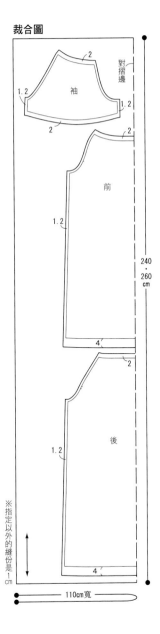

對摺邊

袖

前

後

240・260cm

※指定以外的縫份是1cm

110cm寬

2　袖的作法

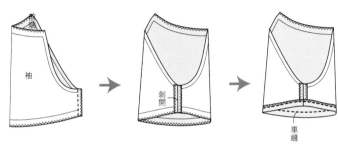

袖口在完成時向上摺　　剝開　　車縫

Peasant look

Style 8 農婦裝式連身裙

(基 本) page 48

●**需要的型紙（背面）**

後、前、後領圍內貼邊、前領圍內貼邊、口袋、繩帶

●**材料**

表布＝140cm寬

（S、M）2m40cm

（ML、L）2m60cm

接著芯＝20cm四方

鬆緊帶＝0.5cm寬50cm

●**準備**

在口袋口貼接著芯。

前後上身片的縫份（肩、袖口）與口袋口是M。

※M是「以平車來車縫」的簡稱。

●**縫法順序**

1　製作口袋，接在前上身片。

2　分別縫前後上身片、前後領圍內貼邊的肩。

3　製作繩帶穿口。

4　把上身片與內貼邊對合中表，縫領圍。

5　翻到表面，減少內貼邊來整理車縫。

6　縫脇（在袖下縫份的曲線剪開，2片都是M）。

7　把袖口向上摺來收拾。

8　把下襬摺三褶來收拾。

9　製作繩帶。

10　在領圍穿繩帶。

11　在袖口穿鬆緊帶。

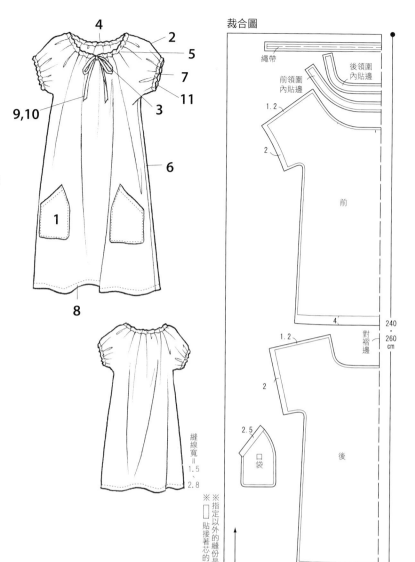

1 口袋的作法

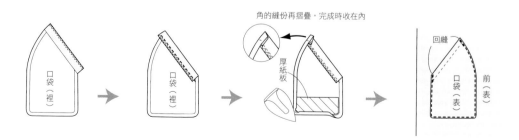

Peasant look

Style 8 農婦裝式連身裙

應用 **1** page 49

●需要的型紙（背面）

後、前、後領圍內貼邊、前領圍內貼邊、繩帶

●材料

表布＝110cm寬

（S、M）2m50cm

（ML、L）2m70cm

鬆緊帶＝1.5cm寬40cm

抽褶用鬆緊線

●準備

前後上身片的縫份是M。

※M是「以平車來車縫」的簡稱。

●縫法順序

1 分別縫前後上身片、前後領圍內貼邊的肩。

2 製作繩帶穿口。

3 把上身片與內貼邊對合中表，縫領圍。

4 翻到表面，減少內貼邊來整理車縫。

5 縫脇（在袖下縫份的曲線剪開，2片都是M）。

6 把袖口向上摺，在袖口穿鬆緊帶來收拾。

7 在胸前做鬆緊線抽褶。

8 製作繩帶。

9 在領圍穿繩帶。

裁合圖

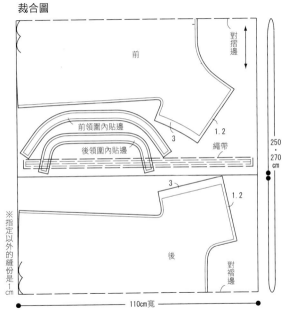

6 袖口的縫法

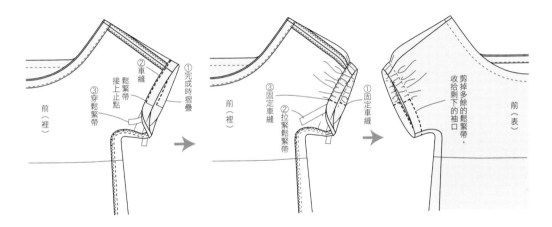

Peasant look

Style 8　農婦裝式連身裙

應用 2 page 50

●需要的型紙（背面）

後（A、B、C）、前（A、B、C）、後領圍內貼邊、
前領圍內貼邊

●材料（碎褶蕾絲以外a、b一樣）

表布＝90cm寬

（S、M）4m50cm

（ML、L）4m70cm

鬆緊帶＝0.5cm寬1m

b的碎褶蕾絲5cm寬適宜

●準備

前後上身片的縫份（B、C的脇、A的肩、袖口）、前
後領圍內貼邊的後面是M。

※M是「以平車來車縫」的簡稱。

●縫法順序

1　分別縫前後上身片A、前後領圍內貼邊的肩。

2　把上身片A與內貼邊對合中表，縫領圍。

3　翻到表面，減少內貼邊來整理車縫。

4　縫上身片A的脇（在袖下縫份的曲線剪開，2片
都是M）。

5　把袖口向上摺來收拾。

6　分別縫上身片B、C的脇。

7　把上身片C的下襬摺三褶來收拾。

8　在上身片B、C的縫份做碎褶車縫。

9　分別縫上身片A與B、B與C（縫份2片都是M）。

10　在領圍與袖口穿繩帶。

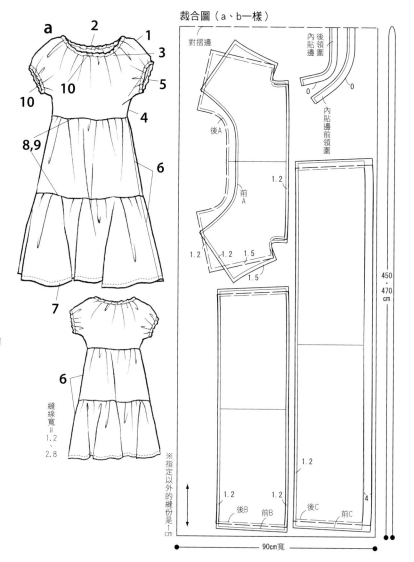

9　碎褶車縫的束緊法

※長距離束緊碎褶時，碎褶車縫的線是不勉強拉的長度

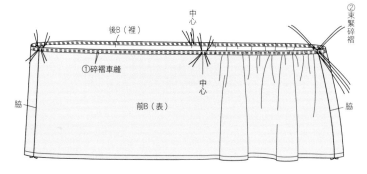

Peasant look

Style 8 農婦裝式連身裙

應用 **3** page 51

●需要的型紙（背面）

後、前、後剪接布、前剪接布

●材料

表布＝140cm寬

（S、M）2m30cm

（ML、L）2m50cm

接著芯＝90cm寬40cm

●準備

在前後剪接布貼接著芯。

前後上身片的縫份（肩、袖口）、裡剪接布後面是M。

※M是「以平車來車縫」的簡稱。

●縫法順序

1　在前後上身片、前後剪接布的肩各縫1（b上身片的肩在完成時摺疊）。

2　在上身片領圍做碎褶車縫

3　縫合上身片與表剪接布。

4　把表剪接布與裡剪接布對合中表，縫領圍。

5　翻到表面，減少裡剪接布來整理做封邊車縫。

6　縫脇（在袖下縫份的曲線剪開，2片都是M）。

7　把袖口向上摺來收拾。

8　把下襬摺三褶來收拾。

● b所需要的型紙與材料在p. 87

裁合圖

縫線寬＝1.2、2.8

230・250 cm

140cm寬

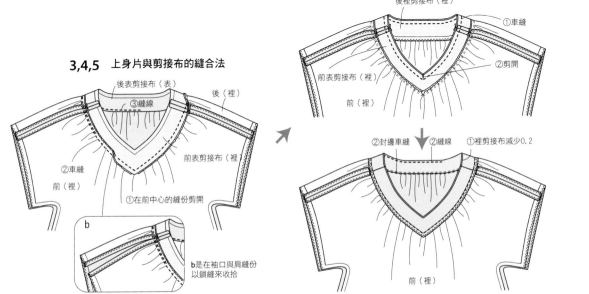

3,4,5 上身片與剪接布的縫合法

b是在袖口與肩縫份以鎖縫來收拾

page 27

A字連身裙-1　　應用 **3-a**

●需要的型紙（正面）

後、前、後領圍內貼邊、前領圍內貼邊、後袖籠內貼邊、前袖籠內貼邊、前中心布、袖

●材料

表布＝110cm寬

（S、M）2m　　（ML、L）2m20cm

別布（前中心表布份）＝10×40cm

接著芯＝90cm寬50cm

直徑1.2cm的包釦　8顆

蕾絲＝6cm寬適宜

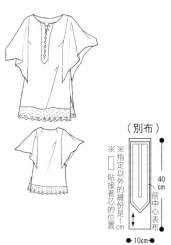

裁合圖（表布）

後領圍內貼邊

1.2　前領圍內貼邊　0

前中心裡布

前

1.2

接上止點

1.5

1.5　袖　對摺邊

肩

1.5

接上止點

1.2

1.2

後

後袖籠內貼邊

1.2

前袖籠內貼邊　0

200・220cm

110cm寬

（別布）

※※指定以外的縫份是1cm
□貼接著芯的位置

40cm

前中心表布

●10cm●

page 33

A字連身裙-2

應用 **3-b**

●需要的型紙（背面）

後、前、袖、後領圍內貼邊、前領圍內貼邊、袖口、襯布

●材料

表布＝110cm寬

（S、M）3m　　（ML、L）3m20cm

接著芯＝90cm寬80cm

裁合圖（別布）

袖口

袖口

1.2　內前貼領邊圍　袖

1.2

襯布　0

1.2

1.5

前　1.2　0　後

1.2

後領圍內貼邊（1片）　0

300・320cm

※※指定以外的縫份是1cm
□貼接著芯的位置

4　4

110cm寬

page 31

A字連身裙-2　　應用 **1-b**

●需要的型紙（背面）

後、前、袖、後剪接布、前剪接布、袖口、口袋

●材料

表布＝110cm寬

（S、M）2m40cm　　（ML、L）2m40cm

別布（前剪接布份）＝90cm寬1m10cm

接著芯＝90cm寬1m10cm

直徑1.2cm的鈕釦　2顆

※別布的裁合圖和p.71的應用1-a一樣

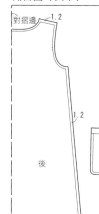

裁合圖（表布）

對摺邊　1.2

2.5

後

1.2　口袋

袖口

1.2

1.5

袖　1.2

前

1.2

1.2　袖　1.2

240・260cm

※※指定以外的縫份是1cm
□貼接著芯的位置

4

110cm寬

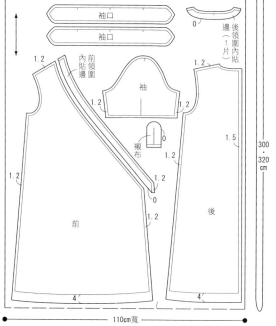

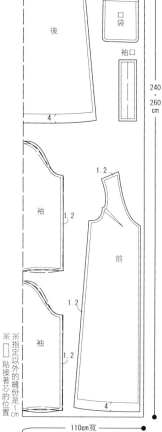

罩衫式連身裙　　應用 3-b

●需要的型紙（背面）

後、前、袖、後下襬束口、前下襬束口、

袖口

●材料

表布＝110cm寬

（S、M）1m90cm　　（ML、L）2m

別布（伸縮素材）＝140cm寬50cm

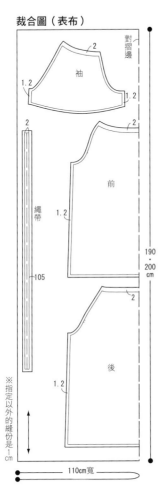

裁合圖（表布）

對摺邊

袖

1.2

1.2

2

2

繩帶

前

1.2

190・200 cm

105

後

2

1.2

※指定以外的縫份是1cm

110cm寬

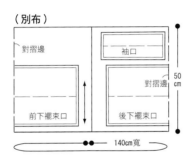

（別布）

對摺邊

袖口

前下襬束口

對摺邊

後下襬束口

50cm

140cm寬

農婦裝式連身　　應用 3-b

●需要的型紙（背面）

後、前、後剪接布、前剪接布、綯邊

●材料

表布＝140cm寬

（S、M）2m80cm　　（ML、L）3m10cm

別布（綯邊份・2種）＝各60cm四方

接著芯＝90cm寬40cm

裁合圖（表布）

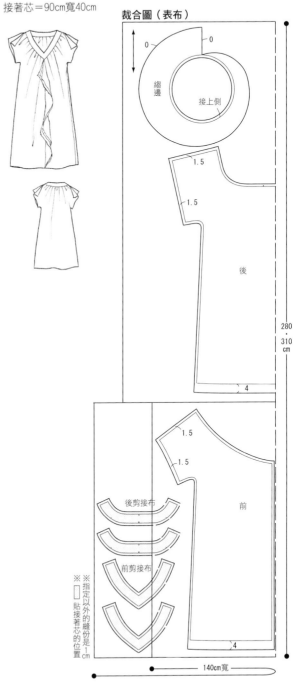

0

0

綯邊

接上側

1.5

1.5

後

4

280・310 cm

1.5

1.5

後剪接布

前剪接布

前

4

※指定以外的縫份是1cm

※□貼接著芯的位置

140cm寬

PROFILE

Dress design

野中慶子　Keiko Nonaka

昭和女子大學短期大學部初等教育學科畢業後，進入文化服裝學院，技術專攻科畢業。
曾任該學院講師，現在於文化服裝學院服裝設計科擔任教授。
獲頒財團法人衣服研究振興會第17回「衣服研究獎勵賞」。

Illustration

杉山葉子　Yoko Sugiyama

文化服裝學院服裝設計科畢業。
曾任該學院流行時尚設計畫講師，現在旅居於義大利的莫迪納。
以自由的流行時尚設計師、流行時尚畫家的身分活躍於義大利與日本。

TITLE

從8種版型學會做32款洋裝

STAFF		ORIGINAL JAPANESE EDITION STAFF	
出版	瑞昇文化事業股份有限公司	発行者	大沼　淳
作者	野中慶子	ブックデザイン	岡山とも子
	杉山葉子	編集協力	山崎舞華
譯者	楊鴻儒	校閲	向井雅子
		グレーディング	上野和博
總編輯	郭湘齡	協力	文化学園リソースセンター
責任編輯	王瓊苹	編集	平山伸子(文化出版局)
文字編輯	黃美玉　黃思婷　蔣詩綺		
美術編輯	李宜靜		
排版	何佳芬		
製版	昇昇興業股份有限公司		
印刷	皇甫彩藝印刷股份有限公司		
戶名	瑞昇文化事業股份有限公司		
劃撥帳號	19598343		
地址	新北市中和區景平路464巷2弄1-4號		
電話	(02)2945-3191		
傳真	(02)2945-3190		
網址	www.rising-books.com.tw		
Mail	resing@ms34.hinet.net		
本版日期	2017年6月		
定價	320元		

國家圖書館出版品預行編目資料

從8種版型學會做32款洋裝 ／野中慶子、
杉山葉子作；楊鴻儒譯.
-- 初版. -- 新北市：瑞昇文化，2011.05
88面；21×26公分
譯自：Dress style book
ISBN 978-986-6185-45-8 (平裝)
1.服裝設計　2.女裝
423.23　　　　　　　　　100007167